中国工程院咨询研究项目

水库大坝智能建设与运行安全智慧管理战略研究

钟登华　编

中国水利水电出版社
www.waterpub.com.cn

·北京·

内 容 提 要

本书内容来源于中国工程院咨询研究项目，围绕水库大坝建设和运行中存在的关键科学问题，从水库大坝智能勘测设计、智能建设、运行安全智慧管理三个方面开展了发展战略研究，系统总结了各方面目前的研究进展、面临的关键技术问题以及亟须重点突破的关键技术，为我国水库大坝建设和运行提供战略保障。本书的出版将推动我国水库大坝工程智能建设与智慧运行创新发展，为我国水库大坝工程高标准建设和长期安全稳定运行提供指导，具有重要的参考价值。

本书适合水利水电工程专业高校师生，以及科研院所、建设管理单位、设计及施工单位相关专业人员使用。

图书在版编目（C I P）数据

水库大坝智能建设与运行安全智慧管理战略研究 / 钟登华编. -- 北京：中国水利水电出版社，2023.10
中国工程院咨询研究项目
ISBN 978-7-5226-1376-5

Ⅰ. ①水… Ⅱ. ①钟… Ⅲ. ①水库－大坝－水利工程－中国 Ⅳ. ①TV698.2

中国国家版本馆CIP数据核字(2023)第197070号

书　　名	中国工程院咨询研究项目 **水库大坝智能建设与运行安全智慧管理战略研究** SHUIKU DABA ZHINENG JIANSHE YU YUNXING ANQUAN ZHIHUI GUANLI ZHANLÜE YANJIU
作　　者	钟登华　编
出版发行	中国水利水电出版社 （北京市海淀区玉渊潭南路 1 号 D 座　100038） 网址：www.waterpub.com.cn E - mail：sales@mwr.gov.cn 电话：(010) 68545888（营销中心）
经　　售	北京科水图书销售有限公司 电话：(010) 68545874、63202643 全国各地新华书店和相关出版物销售网点
排　　版	中国水利水电出版社微机排版中心
印　　刷	清淞永业（天津）印刷有限公司
规　　格	145mm×210mm　32 开本　2.5 印张　50 千字
版　　次	2023 年 10 月第 1 版　2023 年 10 月第 1 次印刷
定　　价	**32.00 元**

前　言

　　水利工程作为控制和调配自然界地表水与地下水、除害兴利和防灾减灾的重要手段，不仅事关人民生命财产安全与社会和谐稳定，而且水的高效安全利用又可促进社会繁荣和经济发展。当前我国许多世界级的巨型水利工程已经、正在或将要建设，中国不仅是世界水利工程的中心，也是水利科学研究的中心。到 21 世纪 20 年代，我国兴建了诸如三峡、锦屏一级、小湾、糯扎渡、两河口等一大批世界级高坝工程，充分彰显了我国水库大坝工程建设水平及水利科技发展成就。近年来，伴随着人工智能、物联网、大数据、云计算等新一代信息技术的迅猛发展，将人工智能等先进技术与水库大坝工程建设与运行管理深度融合，对水利工程建设与运行起到了至关重要的作用，引领了我国重大水利工程前沿发展方向。党的二十大报告指出"构建新一代信息技术、人工智能、高端装备等一批新的增长引擎，推动制造业高端化、智能化、绿色化发展，加快建设制造强国、质量强国、网络强国、数字中国"。这为我国水利工程智能化建设与运行提出了重要的要求。在这样的背景下，本书从水库大坝智能勘测设计、智能建设、运行安全智慧管理三个方面开展了发展战略研究，系统总结了各方面目前的研究进展、面临的关键技术问题以及亟需重点突破的关键技术，为我国水库大坝建设和运行提供战略保障。

全书共分为 5 章，第 1 章为绪论，阐述了国内外水库大智能建设与运行智慧管理的研究现状，并指出了本研究的战略地位和意义。第 2～4 章分别从水库大坝智能勘测设计、智能建设、运行安全智慧管理三个方面详细总结了各方面目前的研究进展、面临的关键技术问题以及亟须重点突破的关键技术。第 5 章为结论，对全书进行了总结与归纳，并提出了相应的研究建议。本书在中国工程院咨询研究项目资助下，由项目负责人钟登华院士，项目顾问马洪琪院士、胡春宏院士等组成的项目组进行编写。在本书编写过程中，得到了其他许多学者及专家的大力支持与指导，在此一并表示衷心的感谢。

作 者

2023 年 8 月

目 录

第1章 绪 论

新中国成立以来，我国水利水电工程建设取得了令人瞩目的成就，成功建设了三峡、二滩、小浪底、龙滩、糯扎渡、锦屏、溪洛渡、向家坝、黄登、丰满重建等一批大型水利水电工程，在防洪、发电、灌溉、供水、生态等方面发挥了巨大效益。我国也名副其实地成为世界水利水电工程建设中心，已建和在建的大坝数量、高度、规模均居世界前列，我国水利水电建设技术已经达到世界领先水平。然而，随着水电资源的持续开发，未来我国水利水电工程的建设重心将向金沙江上游、澜沧江上游、大渡河上游、雅砻江上游、黄河上游、雅鲁藏布江下游以及新疆等具有"高海拔、高寒、高地震烈度"特点的地区转移，筑坝环境条件越来越复杂，对我国水利水电工程建设提出了更大的挑战。如何实现复杂条件下水利水电工程高质量、高标准地建设是亟待研究解决的重大技术难题。

我国是世界上拥有水库大坝最多的国家，各类水库从新中国成立前的 1200 多座增加到近 10 万座，总库容从200 多亿 m^3 增加到近 9000 亿 m^3，其中大型水库 720 座，总库容 7166 亿 m^3，占全部总库容的 79.9%；中型水库

3890 座，总库容 1096 亿 m^3，占全部总库容的 12.2%。这些水库大坝的运行安全事关国家的防洪安全、供水安全、生态安全和公共安全，是我国水安全和公共安全的重要组成部分。然而，我国水库大坝面临着大坝数量多、气候变化、建设条件复杂等多重因素带来的风险，水库大坝运行安全管理水平决定了工程的服役寿命。特别是我国梯级开发的江河众多，在规划阶段没有从流域安全的角度充分考虑梯级开发中各级水库大坝的坝型和库容，没有充分考虑溃坝产生的流域安全风险传播机制，这就要求梯级开发中的高坝大库必须做到绝对安全。如何确保我国水库大坝的长期安全稳定运行亦是亟待研究解决的重大技术难题。

近年来，随着物联网、数据挖掘、人工智能、大数据、计算机视觉及云计算等先进的科学技术日益成熟与广泛应用，人工智能等新一代信息技术与水库大坝建设和运行深度融合成为水利水电工程领域前沿热点研究方向。习近平总书记在 2018 年 10 月 31 日就人工智能发展现状和趋势举行的中共中央政治局第九次集体学习中强调"要推动智能化信息基础设施建设，提升传统基础设施智能化水平，形成适应智能经济、智能社会需要的基础设施体系"❶。水利部也确定了当前和今后一个时期的"水利工程补短板、水利行业强监管"总基调，强调要抓紧补齐水利信息化工程短板，加快智慧水利发展，为水文监测、水资

---

❶ 习近平主持中共中央政治局第九次集体学习并讲话. 中国政府网. https://www.gov.cn/xinwen/2018 - 10/31/content_5336251.htm

源监控、水库大坝安全监测、山洪灾害监测预警、水利信息网络安全等各个领域的信息化建设，提供强大的技术支撑。同时，水利改革发展"十三五"规划中也明确指出，要将创新作为重要驱动力，深化信息技术与各项水利工作的融合，积极研究大数据、云计算、物联网、移动互联等技术应用，强化信息化对水利各业务领域的服务与支撑，推进各类信息化资源整合共享，最大程度发挥水利信息化资源的效率；在"十四五"时期要推进国家水网智能化改造。充分运用物联网、大数据、人工智能、区块链等新一代信息技术，加快智慧水利建设。因此，将人工智能等新一代信息技术与传统水利水电工程建设和运行管理深度融合是国家及行业的重大需求，也是未来我国高坝大库优质高效建设和安全稳定运行的必由之路。在这样的背景下，本项目对水库大坝智能建设与运行安全智慧管理的发展战略进行了探索和研究，指出其研究进展和重点发展方向及关键技术，为我国水库大坝建设和运行提供战略保障。

1.1 研究发展现状概述

1.1.1 水库大坝智能建设研究现状概述

智能建造技术在美国、北欧起步较早。1984 年，美国康涅狄格州的哈特福市将一幢旧金融大厦进行改造，并命名为 City Place，被世界公认为第一座智能大厦。20 世纪 90 年代后，智能大厦蓬勃发展。进入 21 世纪后，随着科

3

技的发展，BIM 技术、物联网技术、3D 打印技术、人工智能技术、云计算技术和大数据技术等互相联系，共同构建了智能建造技术体系。但是，国外的智能建造技术研究和应用主要在工民建行业。在水利水电行业，由于在建水库大坝工程减少，鲜有智能建造技术的研究和应用。

在国内，大坝建设总体经历了人工化、机械化、自动化和数字大坝四个重要的阶段，目前工程建设逐渐由数字化模式向智能化模式发展。华能澜沧江公司首先在糯扎渡黏土心墙堆石坝建设中启用"数字大坝"管理系统，系统利用 GPS 技术，对碾压机和上坝运输车辆进行了精确定位，从装料、运输、卸料、碾压等各个方面对大坝填筑质量和安全运行进行实时监控，实现了大坝施工过程信息实时自动化采集与精细化监控以及大坝施工质量、工程进度、安全监测、工程地质等信息的数字化，建立了一整套的数字大坝系统，为实现大坝质量精细化控制与管理提供了强有力的科学支撑，是数字技术从萌芽到成熟并在大坝建设中得到实践应用的标志性成果。

以黄登、丰满重建为代表的碾压混凝土坝工程建立了碾压混凝土坝全过程、全环节、全要素施工标准和质量控制指标，提出了碾压混凝土坝施工质量智能监控关键技术，创建了高碾压混凝土坝闭环控制的全过程信息化管控平台，实现了碾压混凝土从混凝土拌制、平仓、碾压以及养护的全过程监控，取得了良好效果，提升了工程质量、建设管理水平。

以溪洛渡、乌东德、白鹤滩和杨房沟等为代表的高拱坝工程提出了"全面感知、真实分析、实时控制"的智能建造理论,进一步融合 BIM 技术、传感技术、物联网、大数据、云计算及人工智能等最新科学技术成果,形成了以施工过程智能化精细管理、关键工艺过程智能控制、全坝全过程结构真实工作性态与进度耦合分析为核心的智能化管理平台,实现了大坝施工全过程智能化管理。

在两河口水电工程建设管理中,通过将先进智能技术同大坝建设相融合,构建了涵盖掺砾料生产、坝料运输、坝料加水、仓面摊铺、碾压、质检及灌浆过程的全流程的基于 Web 的智能监控云平台,形成了大坝建设全过程、全覆盖、全天候信息智能感知-智能分析-智能馈控的闭环智能监控体系;同时,建立了复杂条件下大规模碾压机群无人驾驶系统,极大地提升了大坝施工过程智能管控水平。

1.1.2 水库大坝运行安全智慧管理研究现状概述

国外水库大坝运行安全管理形成了较为完善的法律法规体系,大坝安全管理工作基本是通过制订和实施各级大坝安全计划来落实的。如美国有大小坝 8 万多座,其中 90% 为土坝,15m 以上的大坝有 8700 多座,100m 以上的高坝近百座。1972 年美国出台了《国家大坝安全法》,1979 年又出台了《联邦大坝安全导则》。美国大坝分为联邦管辖和州管辖两类,各联邦机构和所在州都成立了大坝安全管理机构，负责大坝安全检查、结构监测、技术分析、维修管理、应急行动计划等。瑞士 1877 年便出台了《瑞士联邦水利工程督察法》，1957 年，瑞士关于大坝安全的条例颁布，确立了大坝安全理念及目标。经过多年的实践，瑞士已形成了职责明确、实用高效的大坝安全监控模式。瑞士的大坝安全监控模式处于国际领先水平，至今保持全国无一例溃坝的骄人纪录，是国际大坝安全管理的楷模。国外水库大坝运行管理体系虽然比较完善，但是在大坝安全运行管理上仍主要采用监测分析、巡视检查、现场试验等常规技术手段，在大坝安全多源信息感知融合与诊断评估技术、大坝结构性能演化与预测预警技术以及基于大数据的大坝安全智能诊断与智慧决策技术等方面的研究还处在探索阶段，需要更深入的研究。

在国内，虽然我国水库大坝建设领域取得了世界瞩目的成就，但运行维护与管理水平相对滞后，信息化应用程度较低，智能诊断与协同管理能力薄弱，亟待利用物联网、云计算、大数据等现代信息技术手段，全面感知多源信息，通过数据融合，实现大坝安全智能诊断与智慧管理，为充分发挥水利水电工程整体效能、进一步提升大坝应急管理能力、切实保障大坝安全运行提供科技支撑。

近年来，我国一些流域开发集团公司在流域大坝安全管理信息化方面取得了一定的研究成果。如雅砻江流域水电开发有限公司高度重视大坝安全管理工作，建设了雅砻江流域大坝安全信息管理系统，实现了流域化的大坝安全信息管理，以及大坝安全信息化工作从电站建设到运行的无缝衔接。该系统自 2013 年投入试运行以来，目前已接入二滩、桐子林、官地、两河口、锦屏一级、锦屏二级、杨房沟 7 座电站监测数据，管理安全监测测点共约 3.85 万个，监测数据 4000 多万条，同时接入了水情信息、泄洪震动、大坝强震等数据，为雅砻江流域大坝安全管理和技术管理提供了统一平台，可以实现对各投运水电站安全监测以及巡检维护、定检注册等大坝安全信息的全面管理。

华能澜沧江水电股份有限公司建设了小湾拱坝工程安全分析与决策支持系统，综合物联传感器、大地测量、卫星定位、移动终端、激光测量、物探检测等多种感知手段，构建了涵盖变形、渗流渗压、应力应变、温度、强震效应、内外观缺陷、环境量等多层次的数字感知体系；采用统一的数据模型，构建了安全监测数据资源的统一组织与管理方法，实现分布、异构数据集成与共享；通过基于滑动窗口的单测点阈值分析、基于实测数据的大坝综合分级评判等模型的研发，与大坝、监测仪器、主要缺陷等三维 BIM 场景模型联动，构建了分级预警与可视化发布机制，实现大坝运行工况及相应监测系统的即时分析、状态评价、分级响应，为后续开展大坝运行智慧决策研究提供了有力支持。

国家电投集团黄河上游水电开发有限责任公司研发了水库大坝安全管理监控信息系统，实现了现代信息技术与大坝安全管理业务的深度融合。该系统充分利用大数据、云服务、物联网、人工神经网络等先进技术，集成 GIS、三维模型、移动巡检 App、微信公众号等多种可视化、便捷化、人性化应用软件，对大坝运行性态实时感知、智能评判、综合分析。该系统将国内大坝安全信息化水平从传统的单一的监测信息化拓展至以集中监测监控为核心，涵盖大坝安全日常管理业务的全面数字化、网络化、智能化，大大提高了工作效率。

国家能源局大坝安全监察中心积极推进大坝安全信息化建设工作，目前已经建成了覆盖全国 500 多座水电站、上百家发电公司以及多家监管单位的全国水电站大坝安全远程管理统一平台，实现了近 300 座大坝运行安全监测信息上报主系统，大坝安全信息化建设取得了重要成效，为水电站大坝安全运行管理和远程监控提供了重要的技术保障。

1.1.3　水库大坝智能建设与智慧管理定义

大坝智能建设是以智慧大坝为理论基础，在大坝数字化建设体系基础上引入新一代信息技术（如物联网、大数据、云平台等），通过将先进智能技术（数据挖掘、人工智能、视觉智能、大数据、云计算、区块链等）与大坝建设进行跨界融合，形成了从大坝建设全过程、全环节、全要素、全覆盖、全天候信息智能感知到智能分析到智能馈控的闭环运行体系。

大坝运行智慧管理是以实现大坝运行过程的数字化、网络化、信息化、标准化、集成化、智能化为目标，采用物联网、大数据、云计算、人工智能为支撑技术，形成一种具备智能感知与存储、信息互联与融合、智能诊断与预测、智慧决策与反馈等特征的大坝业务综合管控模式，全面提升大坝长期运行管理的安全性、可靠性、前瞻性、时效性、灵活性。

1.2 研究战略地位和意义

本项目研究旨在面向 2020—2035 年我国水库大坝建设与安全运行存在的技术难题，在新一代信息技术和人工智能技术蓬勃发展的背景下，开展水库大坝智能建设与运行安全智慧管理发展战略研究，推进新一代信息技术（如物联网、5G/6G、大数据、区块链、云平台等）和人工智能技术与水库大坝建设与运行管理深度融合，以全面提高我国大坝建设智能化与运行安全管理智慧化水平，保障大坝安全，为我国水库大坝高标准建设与长期安全运行管理提供战略指导和技术支持。

第2章 水库大坝智能勘测设计发展战略

水库大坝勘测设计是水利水电工程建设的基础，工程勘测设计水平直接决定了工程能否高标准建设以及长期安全稳定运行。目前我国水库大坝工程勘测设计还是存在着主要依赖人工、勘测精度和质量较低、设计效率亟待进一步提高等问题，需要与智能勘测技术、协同设计技术、绿色开发设计技术等新的勘测设计理念与技术充分结合，提高我国水库大坝整体勘测设计智能化水平，为工程全寿命周期管理服务。

2.1 研究进展

2.1.1 智能勘测

水库大坝智能化勘测主要是利用遥感、GPS、摄影测量、综合工程物探、超前地质预报等现代勘测技术获取信息，利用遥感判释、图像识别与信息提取技术、互联网、5G、物联网以及云技术等信息传输技术，实现水利水电工程勘测全过程的智能化。利用各种专业软件及BIM技术开

10

展高效、快捷的三维标准设计与特殊设计；利用 BIM＋GIS＋MIS、大数据、计算机等信息化管理技术，实现勘察设计工作的协同化、平台化、智能化。其基本目标是实现满足水利工程建设所需要的、可视的、全专业的、基于水利相关标准的勘探设计成果。目前，一些智能化技术在我国水库大坝勘测当中已经得到了充分的应用，比如无人机技术[1]、GPS 定位技术等，起到了减少人力、提高精度、降低费用的作用，但仍有很多新型智能勘测技术仍然在探索阶段，比如空间数据基础设施（SDI）技术可以最大限度地利用地理信息，跨学科进行地理信息的整合并提供有效的评价机制，但由于数据量过大，用户体验不佳等原因目前并未普及[2]，还需要进一步研究和发展。

2.1.2 协同设计

BIM 协同设计是基于同一个三维参数化模型的闭合"环形"，即是通过建立网络服务器，集成不同专业的设计数据信息，在同一个 BIM 平台下，各专业的设计信息通过链接协同方式被其他专业人员查看调用，相同专业间通过工作集协同方式同步更新设计模型，以便及时进行高效准确的信息流转和共享。有效利用 BIM 模型是项目协同设计的基本要求，为此研究人员做出了大量研究。Faraj 等提出了基于 Web 的建筑信息表示与工业基础类（IFC）共享项目环境，它支持地理位置分散的用户之间的远程交互，这提供了极大的灵活性和可移植性，从而使建筑专业人员

11

能够执行和管理他们自己的活动[3]。Yang 和 Zhang 提出了一套方法来解决基于对象的 IFC 兼容的问题，利用补充信息扩展 IFC 模型，以及解决可互操作和可扩展信息集的语义标注问题[4]。陈杰等为了推动协同设计理念在建设工程设计中的有效实施、提高各设计专业之间的协同效率，将云计算技术（cloud computing）与建筑信息模型（BIM）集成应用于建筑工程协同设计，构建了一个基于 Could - BIM 的协同设计平台，使得远程设计团队能够以定制格式处理单个多学科 BIM[5]。Edwards 等开发了一个基于 BIM 的协作和交互设计系统，可以与用户与在 RE-VIT 软件中创建的设计进行动态交互[6]。Kim 等提出了一个基于 REVIT 的文件同步和权限管理系统，使 BIM 项目管理更容易，从而支持 BIM 的协同设计[7]。Zhang 等展示了基于 BIM 技术的水利水电工程项目协同管理工作模型，并采用三层体系结构和 Web 技术开发了基于 BIM 的协同管理平台，且在实例中证明在 BIM 环境下协作的有效性[8]。Lai 等提出了一个基于 BIM 的协同设计和项目管理平台，以解决协同设计中的数据处理的问题，从而可以简化不同软件工具之间的数据交换，该平台能够处理来自各个设计工具中基于 BIM 的数据[9]。中国电建集团昆明勘测设计研究院有限公司研发的 HydroBIM 一体化智能系统[10] 由数据管理平台、设计平台、三维校审平台、数字化移交平台组成，实现了以数据管理为基础的各专业并行与整体协同设计。

2.1.3 绿色水电设计

发展绿色水电，是全面落实"创新、协调、绿色、开放、共享"的新发展理念和"节约、清洁、安全"能源发展战略的迫切需要，是推进绿色发展、建设美丽中国的内在需求。目前还没有关于绿色水电的标准定义，根据国际上已形成的共识，绿色水电的概念是指那些采取了充足的保护环境措施，把对环境的不良影响降低到最小的项目。国际上具有代表性的认证方式包括瑞士的绿色水电认证（Green Hydropower Certification）[11] 和美国的低影响水电认证（Low Impact Hydropower Certification）[12]。瑞士联邦水科学技术研究院通过多年的案例研究和实践，于2001年提出了绿色水电认证的技术框架，建立了绿色水电认证的标准。自 2001 年以来，该标准已经成功应用于瑞士的多个水电工程，并且被欧洲绿色电力网确定为欧洲技术标准，向欧盟其他国家推广。低影响水电认证由美国低影响水电研究所提出，低影响水电认证旨在帮助识别和奖励那些通过采取措施将其对环境的影响降至最低程度的水电站大坝，使其在市场上能够以"低影响水电"的标志进行营销，从而通过市场激励机制来鼓励业主采取有效措施减少水电站大坝对生态与环境的不利影响。

在国外提出"绿色水电认证"和"低影响水电"的理念后，中国水电行业界人士紧随其后，对中国的绿色水电认证提出了设想。2008 年 5 月 8 日，国家能源局局长在

"中国水电发展论坛"会上强调，水电开发必须以科学发展观为指导，切实转变发展理念，从单纯工程水电转变为生态水电，从纯粹技术工程转变到社会工程，更加重视移民利益和生态环境保护，把水电开发与水资源综合利用、生态工程建设和地区近期发展有机结合起来，促进区域经济社会可持续发展，促进水电又好又快发展。肖潇等提出建立覆盖水电工程项目全生命周期的生态保护—经济效益—社会影响评估体系，以保证我国水电工程项目建设中每个环节的"绿色性"，促进我国水电清洁能源的可持续发展[13]。刘园等提出要进一步提高水电站的绿色化设计水平，从设计源头实现水电站与环境保护相协调[14]。2016年水利部印发《关于推进绿色小水电发展的指导意见》中指出，到 2020 年，建立绿色小水电标准体系和管理制度，初步形成绿色小水电发展的激励政策，创建一批绿色小水电示范电站。到 2030 年，全行业形成绿色发展格局，小水电规划设计科学合理，建设管理规范有序，调度运行安全高效，综合利用水平明显提高，生态环境保护措施严格落实，绿色发展机制不断完善，河流生态系统稳定、生态系统服务功能良好，绿色小水电理念深入人心。

2.2　面临的关键技术问题

（1）水库大坝勘测设计一体化、智能化。需要研究集成现代各种先进勘测手段、物联网技术、人工智能技术等，提升水库大坝勘测设计的一体化和智能化水平，以彻底减轻传统设计人员的工作强度，提高设计水平和效率，增强设计企业的核心竞争力。

（2）提高基于 BIM 协同设计应用的广度和深度。现有的商业 BIM 软件在数据交换和融合方面还存在诸多问题，即使采用通用的 BIM 模型数据标准即 IFC 文件格式，在数据交换过程中也可能遇到数据不一致和不兼容的问题，较难实现真正的协同设计。另外目前主流商业 BIM 软件均为国外软件，如何做到相应设计软件的国产化，以确保我国重大水利水电工程设计信息的安全也是急需解决的技术难题。因此，如何推进 BIM 软件国产化，全面实现基于 BIM 的跨阶段、跨专业、跨参与方的共享和交互、协同设计是需要进一步研究解决的难题。

（3）贯彻绿色水电设计新理念。绿色水电设计是确保我国水利水电工程建设可持续发展的必然选择。然而如何将绿色设计理念应用于水利水电工程全寿命周期，实现绿色设计、绿色施工以及绿色运行，在注重水库大坝工程高标准建设与高效运行的同时，做好相应的环境和生态保护工作，实现人水和谐发展，是需要研究解决的技术难题。

2.3 重点突破关键技术

2.3.1 水库大坝智能勘测关键技术

（1）3S 技术。3S 技术指的综合利用 GPS、GIS、RS

获取、收集、整理地理信息，实现勘测结果的准确化和勘测过程的快捷化。3S 勘测技术是将空间技术、传感器技术、卫星定位与导航技术和计算机技术、通信技术相结合，多学科高度集成地对空间信息进行采集、处理、管理、分析、表达、传播和应用的现代信息技术。

（2）无人机探测技术。在水利勘测设计中，需要通过测量磁场等方式来确定相关地质信息等，目前通过使用无人机对磁场进行测量是较为先进和方便的技术，其结果可以为绘制地质图提供参考，并且基于无人机航测的测量成本更低。

（3）综合物探技术。物探技术具有技术先进、速度快、精确度高、信息量大、应用范围广等优点。主要有电法勘探、地震勘探、弹性波测试、反射性勘探、地质雷达技术等。针对不同工程情况，可以采用多种物探技术，充分利用不同方法的特点和优势，互相补充进行有效的水利水电工程勘测设计工作。

（4）隧洞超前地质预报技术。超前预报是超长隧道、大型隧道等地下工程建设中的一项重要勘测手段。隧洞超前地质预报技术是一项综合性的技术工作，目前国内外主要有 7 种超前预报技术，包括：TSP（tunnel seismic prediction）法、TRT（tunnel reflection tomography）法、TGP（tunnel geological prediction）法、垂直反射法、瞬变电磁法、激发极化法、地质雷达法等[15]。其中地质雷达法因操作简单、精确度较高、对施工影响小等特点目前运

16

用较为广泛。

2.3.2　基于云平台的 **BIM** 协同设计关键技术

研究基于云平台的水利水电工程 BIM 协同设计技术，构建基于 Cloud - BIM 架构的协同设计模型，利用云计算具有的超大规模、高可靠性、高可扩展性、按需服务等优点，解决 BIM 应用存在的一些共性问题，以支持 BIM 工程快速增长的异构数据存储；并采用分布式的开发和管理模式，提供数据的深度分析的平台，用于数据潜在价值的深入挖掘。开展国产化 BIM 软件研发工作，推进国产化 BIM 软件在我国水利水电工程中的应用进程，确保我国水库大坝工程设计信息安全。

2.3.3　绿色水电设计关键技术

（1）考虑生态保护和修复的绿色设计关键技术。生态保护和修复是绿色水电工程设计的重要内容，主要包括水生生态保护和陆生生态保护两部分，规划设计需要根据绿色水电的相关技术指标对一些指标（例如水文特征、河流形态等）进行计算，评估这些指标相对于绿色水电标准的类别；对其他指标（例如河流连通性、生物生境、生物群落等）进行生态环境保护措施的适用性分析，同时参考国内外较为先进的经验，对生态保护与修复措施进行优化。

（2）水利水电工程绿色施工关键技术。水利水电工程绿色施工要求工程建设施工的同时做好环境保护工作，主要包括废水处理、废气处理、噪声控制、固废处理、水土保持和生态保护等方面，根据工程环境影响报告书提出的处理目标和措施，对照绿色水电在施工期的技术指标和标准，确定相应的设计规划内容。同时要做到材料、水、能源、土地的科学、合理、高效的使用，同时对于可重复利用的资源与能源，要提高其再使用和再循环的比率和次数，节省人力、物力和财力。水电工程绿色施工的基本要求就是实现能源与资源利用的最大化。

（3）水利水电工程绿色运行关键技术。开展植被恢复、水生境修复、动植物保护等绿色水电运行关键技术攻关，解决绿色水电发展中的工程技术困难。积极开展成熟适用的绿色水电技术的示范推广，研究探索水光、水风等互补发电技术，建设绿色清洁能源基地，为中国经济社会发展输送源源不断的绿色动力。

2.4　小结

当前，我国水库大坝智能化勘测设计已经取得了一定的成果，在智能勘测技术、绿色水电设计以及协同设计等方面都有所突破，但是水电工程勘测设计水平总体智能化程度还不高，还需要结合先进勘测设备、生态保护与修复、物联网、人工智能、大数据、BIM 等的进一步发展，从工程全寿命周期角度出发，实现水利水电工程智能勘测设计。

参考文献：

［1］ Yasin M F M，Zaidi M A，Nawi M N M．A review of small unmanned aircraft system (UAS) advantages as a tool in condition survey works［C］. 4th International Building Control Conference 2016 (IBCC 2016).

［2］ Zwirowicz－Rutkowska A. Evaluating spatial data infrastructure as a data source for land surveying［J］. Journal of Surveying Engineering，2016，142（4）：UNSP 050160024.

［3］ Faraj I，Alshawi M，Aouad G，et al. An industry foundation classes Web－based collaborative construction computer environment：WISPER［J］. Automation in Construction，2000，10（1）：79－99.

［4］ Yang Q Z，Zhang Y. Semantic interoperability in building design：Methods and tools［J］. Computer－Aided Design，2006，38（10）：1099－1112.

［5］ 陈杰，武电坤，任剑波，等. 基于 Cloud－BIM 的建设工程协同设计研究［J］. 工程管理学报，2014，28（5）：27－31.

［6］ Edwards G，Li H，Wang B. BIM based collaborative and interactive design process using computer game engine for general end－users［J］. Visualization in Engineering，2015，3（1）：1－17.

［7］ Kim M，Ji S，Jun H. BIM－based file synchronization and permission management system for architectural design collaboration［J］. Journal of Asian Architecture and Building Engineering，2017，16（3）：511－518.

［8］ Zhang S R，Pan F，Wang C，et al. BIM－based collaboration platform for the management of EPC projects in hy-

19

dropower engineering ［J］. Journal of Construction Engineering and Management，2017，143（12）：04017087.

［9］　Lai H，Deng X，Chang T Y P. BIM - based platform for collaborative building design and project management ［J］. Journal of Computing in Civil Engineering，2019，33（3）：05019001.

［10］　王娜，杨宇虎，邵光明. HydroBIM 土木机电一体化智能系统［C］//中国水利水电勘测设计协会. 水利水电工程勘测设计新技术应用. 北京：中国水利水电出版社，2018：11.

［11］　Bratrich C，Truffer B，Jorde K，et al. Green hydropower：A new assessment procedure for river management ［J］. River Research and Applications，2004，20（7）：865 - 882.

［12］　Low impact hydropower institution. Low impact hydropower certification program：certification package ［R］，2004.

［13］　肖潇，赵登忠，谭德宝，等. 气候变化背景下中国绿色水电评估体系探究［J］. 长江科学院院报，2016，33（11）：104 - 108.

［14］　刘园，何涛，李亚农. 环境影响评价助推绿色水电设计［J］. 环境与发展，2017，29（7）：37 - 38，57.

［15］　徐磊，张建清，漆祖芳. 水工隧洞综合超前地质预报应用对比研究［J］. 地球物理学进展，2018，33（1）：411 - 417.

第 3 章　水库大坝智能建设发展战略

水库大坝智能建设是以智慧大坝理论为基础，在大坝智能化建设体系基础上引入新一代信息技术（如物联网、人工智能、大数据、云平台等），通过将先进智能技术（人工智能、视觉智能、大数据、云计算、区块链等）与大坝建设进行跨界融合，形成从大坝建设全过程、全环节、全要素、全覆盖、全天候的信息智能感知、智能分析到智能馈控的闭环运行体系，以实现水库大坝工程的优质高效建设，全面提升水库大坝建设技术和管理水平，为水库大坝长期高效安全运行提供基础。

3.1　研究进展

3.1.1　混凝土坝智能建设

我国的混凝土坝工程建设正在由数字大坝阶段逐步发展到智能建设阶段，目前已经初步形成了以大坝施工进度智能仿真、混凝土生产—运输—浇筑一条龙作业监控、仓面智能碾压、混凝土智能温控、基础智能灌浆、智能建设信息平台等为核心技术的混凝土坝智能建设与管理体系，极大地提高了我国混凝土坝建设与管理水平，代表性的工程包括"数字黄登""数字溪洛渡""数字大岗山""智慧丰满"以及"智能建造——乌东德、白鹤滩"等。以下从六个方面分别介绍混凝土坝智能建设取得的主要研究进展与创新性研究成果。

（1）在混凝土高坝施工进度仿真方面，由于混凝土高坝建设过程具有很强的随机性、不确定性和经验性等特征，近年来，结合智能理论与方法，开展自适应动态智能仿真理论方法研究是当前的发展趋势[1]。将智能仿真与高坝施工仿真系统结合，一方面通过将各种专业知识引入仿真模型，可增强仿真建模能力；另一方面利用仿真建模的有关知识去引导或辅助建模过程，使得非仿真专业人员也能方便有效地建立和试验仿真模型，并可以交互式地录入和修改知识规则。天津大学钟登华院士团队提出了高混凝土坝施工过程自适应智能仿真理论，基于贝叶斯更新技术对仿真参数和仿真逻辑进行自适应更新，并构建了施工进度动态预警数学模型，对高混凝土坝建设进度进行智能仿真分析与反馈控制。中国电建集团成都勘测设计研究院有限公司基于混凝土生产—运输—浇筑一条龙作业实时监控信息，采用多维耦合的仿真分析技术，分析得到高混凝土坝现场施工进度控制的关键因素，并提出加快施工进度的相关控制措施。

（2）在混凝土生产—运输—浇筑一条龙作业监控方

面，结合物联网技术、人工智能技术等取得了一定的研究成果。如针对混凝土的拌和生产工艺，天津大学研发出一种混凝土拌和信息自动采集系统，实现了对混凝土拌和信息精准记录和精细化监控；周张良等基于新型控制技术研发了一种混凝土拌和智能监控装置，降低了人为因素对监控的影响，从而保证了混凝土质量监控的准确性和可靠性[2]；王辉麟基于无线传输技术、数据采集技术、数据分析与处理技术研发出混凝土拌和站质量管控系统，实现了混凝土智能化搅拌控制以及和易性监测[3]；针对混凝土运输过程监控的研究，中国电建集团成都勘测设计研究院有限公司基于物联网技术与计算机技术提出了高拱坝混凝土运输过程智能控制技术，实现了对混凝土运输过程的智能监测与反馈控制，进一步提高了混凝土运输管理水平[4]；针对混凝土仓面浇筑振捣工艺监控的研究，河海大学田正宏教授等基于 GPS 动态跟踪技术研发了振捣施工可视化监测系统，通过集成 GPS 以及传感器等设备，实时监控振捣轨迹、振捣时间和插入深度等振捣质量参数并进行可视化展示[5]；天津大学钟登华院士团队提出了基于联合测距方案的混凝土坝振捣施工质量实时监控方法，并建立了混凝土抗压强度动态评价模型，实现了对仓面混凝土振捣质量的精细化控制[6]。

（3）在碾压混凝土坝仓面碾压质量监控方面，天津大学钟登华院士团队研发了集大坝仓面碾压、层间结合施工环节于一体的高碾压混凝土坝施工质量智能监控技术[7]。

研发了基于 GPS、北斗、GLONASS 三星融合的仓面碾压质量智能监控技术，实现了施工全过程、全天候、远程、精细化的智能监控；综合集成料源特性、碾压参数和碾轮振动特性等信息，提出了基于动力学模型与人工智能的压实质量智能预测技术，实现了全仓面压实度的分析与评价；提出了高碾压混凝土坝层间结合质量智能监控方法，通过精准感知层面压实刚度、层间覆盖时间等信息，对大坝混凝土铺料厚度、碾压条带作业时间、坯层覆盖时间等参数进行智能监控，实时计算混凝土暴露时间并预警，确保层间以"新鲜"混凝土结合，有效减少施工冷缝，从而保证层间结合质量[8]。该技术成果在丰满重建、黄登等工程中得到了成功应用，为确保工程高标准、高质量建设发挥了重要作用。

（4）在混凝土坝温控研究方面，中国水利水电科学研究院研发了大体积混凝土防裂智能化监控系统，以混凝土温控施工监控的智能化促进温控施工的精细化，实现了大体积混凝土防裂的根本目的，并在黄登、丰满重建等多座混凝土坝工程中成功应用[9-10]。清华大学研发了大体积混凝土通水冷却智能温度控制方法与系统，对防止混凝土坝施工期混凝土开裂，建设无缝大坝具有重大意义[11]。

（5）在基础智能灌浆研究方面，中国长江三峡集团提出了三区五阶段 P‐Q‐C‐t 联动智能灌浆控制方法，通过对灌浆参数的实时联动智能控制，实现了正常灌浆和特殊情况灌浆一体化智能识别和控制[12]。天津大学钟登华院士团队系统提出了灌浆智能分析与监控理论及技术体系，通过在灌浆前基于灌浆精细 BIM 模型的岩体可灌性分析，灌浆过程中基于智能灌浆策略的灌浆过程控制，灌浆完成后对灌浆效果和灌浆质量进行智能评价，实现了大坝基础灌浆全过程的智能分析与控制，保证了基础灌浆质量[13-14]。

（6）在混凝土坝智能建设信息平台研发方面，华能澜沧江水电股份有限公司研发了黄登大坝全过程信息化管控平台，将原材料检测、混凝土生产、碾压质量控制、温度智能控制、施工工艺监控、大坝基础灌浆监控、安全监测、决策支持、运行管理等环节有机融合，形成了一个闭环控制的全过程信息化管控平台——数字黄登·大坝全生命周期管理信息化系统。中国长江三峡集团研发了以智能建造技术体系为支撑的水电工程智能建造管理平台 iDAM，该平台经历了溪洛渡 iDAM1.0 到乌东德、白鹤滩 iDAM2.0 的阶段性发展，实现了施工工艺过程、关键业务流程的智能监测、智能分析、智能调控，显著提升了管理水平和管理效益[15]。

3.1.2　土石坝智能建设

我国土石坝建设经历了人工化建设、机械化建设、自动化建设和数字大坝阶段，目前逐步发展到智能建设阶段。在土石坝建设方面初步形成了以料场开挖过程智能监控、坝料运输过程智能监控、堆石料坝外加水过程智能控制、坝面摊铺及碾压过程智能监控、坝面一体化智能协同作业等为核心技术的土石坝智能建设管理体系，提高了我国高土石坝建设与管理水平，形成了以"糯扎渡数字大坝""长河坝数字大坝""两河口智能大坝"及"双江口智慧大坝"等为代表的一批创新性研究成果。下面从五个方面阐述具体研究进展。

（1）在土石坝料场开采监控研究方面，王勇等将三维设计应用于料场开采中，实现了料场开采过程中部分信息的动态更新，直观准确地反映了剥离料和有用料的储量关系、坝料开采和填筑的关系[16]；薛凯对心墙堆石坝石料料源进行不同阶段的施工规划和施工期间的动态开采优化分析，实现了料场开采的最佳经济效益[17]。

（2）在土石坝坝料运输过程监控研究方面，周瑞园针对土石方调配交通运输系统的交通特性，建立了土石方调配交通运输仿真模型，实现了以仿真控制器为核心的土石方调配交通运输仿真系统[18]；天津大学钟登华院士团队提出了基于路径智能规划技术的上坝运输车辆智能调度方法，结合大坝工程建设的特点，构建了施工场内智能交通馈控体系，实现了路况信息的智能分析与更新、运输路径的智能规划与车辆智能调度，该研究完成了大坝建设智能交通的初步探索[19]。

（3）在土石坝坝料加水监控研究方面，天津大学钟登华院士团队研发了上坝运输车自动加水监控系统，实现了对加水量的自动控制以及加水信息的实时传输，在此基础上，综合考虑不同坝料、坝料含水率、坝料运载重量，并综合分析温度、风速、降雨等局部气候影响下坝料含水率变化过程，构建了工区气象短期预报模型和堆石料含水率变化量预测模型，对运料车辆应加水量进行智能分析与精准预测，并研发出坝料智能加水系统，实现了坝料运输及施工仓面的智能加水[20]。

（4）在土石坝坝面摊铺和碾压过程监控研究方面，针对坝面摊铺过程智能监控的研究，天津大学钟院士团队基于K-邻域算法实现了坝面填筑过程摊铺厚度的实时智能分析，并建立反馈机制，实现了仓面摊铺厚度的实时反馈[21]。针对土石坝智能碾压研究，中国水利水电科学研究院利用激光雷达、短波雷达等技术，研发了基于原有机械结构的无人驾驶改造技术，实现了自主施工环境感知、自主施工行为决策、自主施工动作执行[22]；清华大学针对土石坝填筑碾压监控现状，提出了一种基于闭环反馈控制和RTK-GPS的自动碾压系统，实现碾压机精确导航和自动碾压作业[23]；中国水利水电第五工程局和同济大学依托长河坝工程研发出由振动碾机身控制系统、程序自动控制系统、导航与姿态补偿系统以及环境识别与自动避让系统等组成的无人驾驶振动碾，实现了对振动碾行驶速度、碾压遍数、搭接宽度等的精确控制[24]。天津大学通过碾压机作业过程的智能感知、智能避障、智能寻迹与循迹，实现了无人驾驶碾压机群作业过程的智能管控，并研发了融合智能无人碾压作业的"智能大坝"云平台，在两河口大坝生产过程中得到了大规模应用生产，标志着我国土石坝碾压正式进入无人智能驾驶时代。

（5）在土石坝施工信息集成平台研究方面，天津大学钟登华院士团队基于 BIM＋GIS＋AR 技术研发了高土石坝建设智能监控云平台，实现了从传统的二维实时监控向三维智能监控的跨越，为工程建设与管控提供了直观的三维会商平台[25]。

3.2　面临的关键技术问题

当前大坝建设过程监控正在从数字大坝阶段向智慧大坝阶段发展，已形成以智能碾压、智能振捣、智能灌浆、智能仿真、智能运输、建设过程智能管理平台等为核心的智慧大坝建设关键技术。然而，大坝建设是一个全过程、全环节、全要素的时空协同作业，现有研究主要还是以工序监控为核心，难以打破不同控制对象监控成果之间的壁垒，以整体性能最优为目标，实现大坝建设过程智能协同控制。具体而言，当前智能建设面临以下的技术问题。

（1）水库大坝建设过程仿真模型难以全面真实反映施工状况。当前的建设过程仿真主要是通过对大坝建设过程进行协调分解，建立建设过程仿真模型，并综合考虑现场实时施工进度、施工机械作业参数、施工环境条件等，实现仿真参数与仿真逻辑的智能更新，并综合考虑各类不确定性条件，实现施工方案的智能优化。然而现有研究在进行仿真建模时，建设进度、质量、安全等多维施工要素之间耦合关系均进行了一定程度简化，仿真模型充分考虑了大坝建设过程，但不同建筑物之间的相互干扰约束难以得到真实体现，尚未实现水库大坝建设过程的全要素一体化仿真分析。

（2）水库大坝建设质量智能监控尚未实现全过程、全要素协同监控。当前水库大坝建设质量智能监控已初步实现了对混凝土坝、土石坝等不同坝型建设全过程的智能监控。然而现有研究中，各部分监控体系相对独立，信息关联不强，未能实现全过程的协同分析与智能监控，不利于整体建设全方位协同推进，难以实现建设质量的全流程分析与反馈控制，降低了反馈控制精度与准确性，也难以实现水库大坝工程建设整体的施工进度-质量-安全-成本的协同智能优化与控制。

（3）坝基灌浆过程控制尚未实现智能调节与反馈控制。当前大坝智能灌浆初步形成了以灌前可灌性分析、灌中智能监控和灌后质量综合评估为核心的全过程智能监控分析成套技术，实现了坝基灌浆质量的高效管理，同时初步进行了灌浆自动化控制的研究工作。然而，由于地质条件的不确定性极强，现有的灌浆过程控制分析与自动化控制手段尚未实现灌浆策略的智能生成、灌浆过程的智能控制及灌后质量的智能评价。

（4）智能无人施工协同作业尚需要进一步研究与拓展。随着我国高坝工程建设的发展，高寒高海拔等施工环境条件越来越复杂，为充分践行以人为本的发展理念，当前已经进行了碾压机群智能无人碾压的研究与应用。然而现有研究主要是针对某一特定施工环节进行智能无人化施工，尚未针对施工现场（如料场开采、坝料运输、摊铺、混凝土振捣等）多环节进行研究，也未实现多类机械之间的协同作业，急需进一步研究与拓展。

（5）基于 BIM 的全生命周期智能管理技术。水库大坝工程量大，建设环节多，周期长，建设过程涉及海量的多源异构信息，涵盖施工进度、质量、成本、安全等多维度、多要素时空建设信息。然而，当前水库大坝工程建设信息管理平台涉及覆盖内容不够全面、信息孤岛现象普遍存在、信息集成性能低、分析维度不够深入，还未能真正实现基于三维 BIM 模型的全生命周期多源异构信息的集成管理。

（6）信息安全风险防控水平尚需进一步提升。水库大坝，特别是高坝大库的建设信息安全是我国国家信息安全的重要组成部分。然而，当前建设过程中的各类信息安全防控水平还相对处于较低水平，多数的建设信息均在使用非加密的公用通信网络进行传输、存储，且相关信息分析设备也仅是采用较低的安全防护终端，存在较大的信息泄密风险。同时随着无人智能化施工的推广应用，建设信息安全直接影响现场施工作业安全，为现场施工安全管控提出了更高的要求。

（7）智能建设研发与实施的成本限制了其在中小型水

利工程中的应用。中小型水利工程是我国水库大坝建设的主体，项目众多，其建设管理人员水平差异较大，需要采用智能化建设手段确保工程建设进度、质量、安全。然而中小型水利工程工期短、投资小，智能建设研发与实施的成本相对较高，限制了智能建设相关成果在中小型水利工程中的推广与应用，如何将智能建设技术与更多的中小型水利工程紧密结合，也是当前急需解决的实际问题。

3.3　重点突破关键技术

水库大坝建设过程智能建设充分利用现有的数字大坝、智慧大坝研究成果及最新的科学技术，充分考虑技术水平的不断发展，实现建设全过程的智能监控。整体而言，水库大坝建设过程智能建设主要包括以下特征。

（1）全方位透彻感知。当前智慧大坝研究已经可以实现对关键施工对象、施工机械、作业环境信息的感知。随着新一代分布式传感器技术、新一代高速高保真大容量低延时加密数据传输技术、海量数据安全存储技术的发展，更大范围、更为全面、更为精细的全方位信息感知已可以在水利水电工程中得到研究与推广，实现了施工对象、施工机械、施工人员、施工环境、社会环境等要素的透彻感知与集成，从而构建与实体工程对应的全数字化孪生工程，从而为水库大坝建设过程智能建设提供数据基础平台。

（2）全要素协同分析。由于数据壁垒、数据计算效率等限制，当前智慧大坝主要是基于感知的参数，针对特定目标进行分析，难以实现施工进度、质量、安全、投资、合同等要素的全面协同分析。全要素协同分析就是在全方位感知建立的全数字化孪生工程的基础上，采用人工智能（AI）技术，协同分析海量数据，对工程全方位工作性态进行挖掘，实现各施工要素的协同分析。

（3）全流程智能反馈。基于全要素协同分析成果，智能分析构建全流程智能反馈模型，打破监控平台各模块信息壁垒，实现"一处分析，处处协同"。针对建设过程，智能挖掘工程制约因素，建立反馈决策集，并优选最后策略反馈至特定对象，实现全流程全要素智能决策反馈。

（4）全过程模型演进。当前智慧大坝初步实现了监控模型的自我演进功能，然而大部分模块还都是基于特定的、事先约定的模型进行监控。随着人工智能技术的不断发展，自我学习、自我演进的属性也应融合至水库大坝建设过程智能建设中。基于全方位透彻感知，得到反馈控制后的效果，逐步演进协同分析与智能反馈模型，提升反馈控制精度与准确性，实现全过程模型演进。

（5）全生命周期贯通。设计期、建设期采集与分析反馈的数据，除了需要服务于本阶段工作外，还需要为运行期提供基础支持。通过打通设计期、建设期、运行期数据壁垒与功能壁垒，为运行期提供全生命周期性态演变成果，为运行期管理决策提供依据。

（6）全体系信息防护。针对信息感知、传输、存储、使用全环节，基于软件加密、硬件防护等手段，并采用新一代信息传输手段，构建全体系信息安全防护系统，实现信息安全条件下的信息高效共享与分析，确保水库大坝工程建设信息安全。

（7）全时空数据集成。针对一个区域、流域构建全时空数据集成平台，并在此基础上构建全国性智能建设数据平台，实现信息的全面集成，为中小型水库工程搭建统一的智能建设管理平台，降低各中小工程智能建设成本，并为国家工程建设质量管控及运行调度管理提供基础。

综上所述，水库大坝建设过程智能建设不是简单的各个功能模块的叠加，也不强调某一个技术的先进性，而是要在现有的智慧大坝研究基础上，实现纵向尺度施工全流程、横向尺度施工全要素、时间尺度不断演进的全方位立体协同控制。

在智慧大坝基础上，基于以上理念，结合工程实际需求，在信息安全与全面共享的基础上，构建水库大坝建设过程智能建设平台。主要内容包括建设过程智能仿真、建设质量智能监控、基础灌浆质量智能控制、建设安全智能保障、建设过程协同智能指挥等内容，同时基于统一三维模型，构建数字化智能移交平台，实现水库大坝工程建设全过程全方位的智能监控。该平台是一个可扩充的智能平台，通过不断接入新的数据与功能模块，基于监控模型的自我演进，逐步实现水库大坝工程全生命周期智能分析与反馈控制。

3.3.1　水库大坝建设过程智能仿真关键技术

建设过程智能仿真是以系统仿真技术、三维数值模拟技术、人工智能算法、控制论等理论技术方法为基础，集成现场透彻智能感知的各类施工要素，综合考虑地形地质条件、施工环境、施工机械运行状态等因素，耦合大坝工程建设安全、质量仿真成果，实现枢纽工程大坝工程、边坡开挖及处理工程、机电金结工程等对象建设过程进度、结构、安全状态的智能协同仿真，提出长、中、短、临近等各时间尺度仿真成果，实现在满足工程质量与结构安全的情况下工程的快速推进。同时，基于建设质量、建设安全智能分析监控成果，深度挖掘工程制约因素，提出施工方案优化与智能馈控措施，采用智能可视化分析系统，实现仿真成果与实际施工的智能可视化分析。

3.3.2　水库大坝建设质量智能监控关键技术

3.3.2.1　混凝土坝建设质量智能监控

为实现混凝土坝建设全过程的智能监控，建议从以下方面进行研究：边坡开挖智能监控、混凝土生产过程智能监控、混凝土运输智能监控、混凝土平仓过程智能监控、常态混凝土振捣过程智能监控、碾压混凝土碾压过程智能监控、混凝土通水智能监控以及混凝土接缝灌浆智能监控，并在此基础上进行无人智能协同作业研究。

（1）混凝土边坡开挖智能监控。混凝土大坝边坡开挖智能监控是确保大坝边坡安全、有序开挖的关键技术。基于新一代智能化监控技术，采用无人机搭载三维激光扫描或深度相机实现边坡开挖的面貌感知，联合不同施工阶段点云面貌信息，实现边坡开挖量的统计分析、开挖进度分析；进一步，基于图像分析技术、三维倾斜摄影技术等实现边坡超欠挖质量分析以及变形分析等，并对施工现场进行预警分析，从而指导现场安全有序生产。

（2）混凝土生产智能监控。混凝土生产质量是大坝建设质量控制的源头，直接关乎工程能否长久安全稳定运行。混凝土生产智能监控是通过采用智能视觉技术、物联网技术、红外测温技术等，实现对骨料颗粒大小、拌和过程以及下料温度的智能监控；构建混凝土生产过程实时监控平台，实现对每一盘混凝土生产方量、偏差等实时监控并预警，保障混凝土生产质量。

（3）混凝土运输智能监控。运输过程智能监控是通过对水平运输机械及垂直运输机械行驶轨迹、运输重量、运输时间等的全方位监控，智能分析混凝土材料的流向与运输时间，实现每一罐混凝土的可追溯与智能统计，并对特定级配混凝土的去向进行引导。综合考虑混凝土凝结特性，对混凝土运输过程进行实时分析预警，防止混凝土运输时间过长导致混凝土质量出现问题。

（4）混凝土平仓过程智能监控。混凝土浇筑胚层厚度对于混凝土碾压施工或振捣施工具有重要的影响。以平仓机为监控对象，采用 GNSS 定位技术、无线通信组网技术等，实现对平仓过程的监控以及混凝土暴露时间的监控，结合混凝土运输过程监控信息，在施工过程中进行实时预警，确保混凝土在初凝时间内完成施工，保障混凝土施工质量。

（5）常态混凝土振捣过程智能监控。混凝土振捣是保障混凝土密实的重要施工方法。通过高精度空间定位技术、定位补偿技术、自主通信组网技术等实现对振捣过程关键参数的实时监控；基于混凝土振捣密实原理，研发智能振捣棒技术，通过智能分析振捣棒作业信息，实现振捣质量智能感知；结合混凝土生产信息、运输信息、平仓信息等全流程施工信息，构建混凝土振捣质量智能预测模型，实现混凝土振捣质量的全仓面预测，对不符合要求的区域进行及时预警；基于智能视觉技术等，研发振捣质量智能分析与引导技术，实现振捣质量全面受控。

（6）碾压混凝土碾压过程智能监控。混凝土压实质量是保障大坝混凝土整体质量的关键。通过采用高精度空间定位技术、智能传感器、无线通信组网技术等，并结合数据挖掘、人工智能技术，综合考虑混凝土生产信息、运输信息、平仓信息等，实现碾压混凝土压实质量的全仓面智能预测，对不满足要求的施工区域进行预警报警分析；基于智能视觉技术等，研发碾压混凝土压实质量智能分析与引导技术，实现压实质量全面受控。

（7）混凝土通水智能监控。混凝土通水智能监控是提高混凝土坝施工质量，避免危险性裂缝产生的有效手段。通过采用自动化控制技术、传感器技术等实现对混凝土通水过程的智能感知，结合云计算、人工智能技术等，实现大坝温控状态的智能分析与决策，并通过对通水流量的动态调节等，确保混凝土温度处于受控状态。通过智能仿真计算、人工智能算法等实现温控效果评价、通水流量预测、温控预警分析、温度应力和横缝开度模拟，有效防止裂缝的产生。

（8）混凝土接缝灌浆智能监控。高拱坝接缝灌浆影响大坝浇筑进度，关乎坝体整体安全。基于新一代传感器技术、物联网技术、云计算技术等实现高拱坝横缝开度等在线、远程监测，联合数据挖掘技术、空间推理知识等多维度分析接缝灌浆开度变化，为接缝灌浆施工工序的按期进行提供技术支撑。

（9）混凝土坝建设过程无人智能协同作业。针对混凝土生产、运输、浇筑、振捣、冲毛等全流程，在全面确保施工安全的基础上，综合考虑混凝土施工作业要求、作业状态等信息，实现混凝土作业过程的无人智能协同作业，全面提升混凝土作业的施工质量、施工安全与施工效率。

3.3.2.2　土石坝建设质量智能监控

为实现大坝建设全过程的智能监控，建议从以下方面进行大坝建设过程智能监控研究：料场开挖过程智能监控、坝料运输过程智能监控、堆石料坝外加水过程智能控制、坝料摊铺过程智能监控、仓面补水过程智能监控、坝面碾压施工质量智能监控及坝面一体化智能协同作业。

（1）料场开挖过程智能监控。料场开采过程是整个大坝工程施工的基础。基于图像识别技术、人工智能技术、三维激光扫描技术等，综合考虑结构安全与施工安全，基于地质条件分析，对料场爆破过程进行智能分析与反馈；通过智能分析坝料粒径，智能判断坝料流向，提出坝料智能调配建议；快速重构坝料开挖面三维模型，实现料场开挖量的智能分析，为工程结算提供依据。

（2）坝料运输过程智能监控。运输过程智能监控是通过对运输过程、运输重量、运输方量的全方位监控，智能分析坝料料源与去向，实现上坝料的可追溯与智能统计。同时，结合建设过程智能仿真成果及现场实际运输状态，实现场内交通的智能预测与引导，提升运输效率。

（3）堆石料坝外加水过程智能控制。堆石料坝外加水是确保堆石料含水率，提升堆石料压实质量与仓面碾压施工形象的重要措施。通过集成施工自然环境数据、运输量数据，智能分析建立坝料加水量，并实现坝料坝外加水过程的智能控制。

（4）坝料摊铺过程智能监控。坝料摊铺过程是控制坝料摊铺厚度与分区边界控制的重要手段，基于高清图像实时采集技术与图像识别技术，实时分析得到各摊铺仓面边界范围，并基于图像成像原理，智能分析得到仓面边界坐标信息，实现仓面边界的智能控制。以坝料摊铺机作为监控对象，智能分析坝料摊铺厚度，坝料摊铺过程进行智能监控，确保坝料各点摊铺厚度及仓面平整度受控。结合智能视觉技术，构建摊铺过程智能导引系统，实现摊铺过程智能控制。

（5）仓面补水过程智能监控。坝料含水率是确保坝料碾压密实的重要参数，含水率过低或者过高均会影响坝料压实特性。针对坝面补水过程，通过智能感知坝面表层含水率，智能分析建立坝面各点需水量信息，通过对补水车辆作业状态的智能感知，对补水过程进行自动控制，确保坝面覆盖前及碾压前含水率处于受控状态。

（6）坝面碾压施工质量智能监控。集成高精度空间定位技术、智能传感器、无线通信组网技术等，并结合数据挖掘、人工智能技术，综合考虑土石料开采信息、运输信息、含水率信息、摊铺信息等，实现土石料压实质量的全仓面智能预测；基于智能视觉技术等，研发土石料碾压质量智能分析与引导技术，实现仓面碾压全过程的智能监控。

（7）坝面一体化智能协同作业。上述 6 种功能监控主要是针对人工作业环境下的施工过程监控。为有效提升坝面施工质量，保护施工人员身心健康，有必要开展坝面一体化智能协同作业研究与应用。坝面一体化智能协同作业是在智能无人碾压的基础上，继续研究引入摊铺机智能无人作业、仓面补水车辆智能无人控制等技术，综合考虑各施工机械作业状态、仓面作业状态、与智能运输系统匹配关系、仓面整体施工方案等信息，实现各类施工机械的自主协同混合分配、作业过程自主控制，实现仓面作业的智能协同，有效提升坝面作业的施工质量、施工安全与施工效率。

3.3.2.3　基础灌浆质量智能监控

基础灌浆质量智能监控，是在耦合精细化三维地质模型的基础上，基于云计算、数值模拟、智能计算技术等，通过对灌浆过程的预演，构建智能灌浆策略；基于自动化控制技术，研发智能化灌浆控制成套技术与装备，实现灌浆全过程的智能控制；基于灌浆过程数据，采用智能算法，实现灌浆质量的全方位评价与分析，为灌浆质量管控提供基础。

3.3.3　水库大坝建设安全智能监控关键技术

大坝建设安全智能监控是以卫星定位技术、计算机与机器视觉技术、三维建模与可视化技术、人工智能算法、控制论等技术为基础，借助不同类型的智能传感器集成现场智能感知的施工要素，综合考虑施工现场环境、施工机械与人员的位置、速度、运行状态等因素，对施工现场存在的危险源进行实时监控，同时根据人员行为模式对将受到的潜在危害进行预判，实现安全预警。根据实时监测的危险源与人员情况，结合预判分析的安全隐患，通过收集建立的大量的安全事故案例数据库，提出最优的安全保障反馈方案，包括紧急安全措施与安全整改方案。基于智能可视化交互分析系统，指导施工过程的安全作业与行为，实现施工安全的判别、分析、预警及馈控的智能可视化指导与分析。

3.3.4　水库大坝建设过程智能指挥关键技术

将工程建设过程中涉及的海量、多源信息进行集成与耦合，消除施工期工程信息割裂、数据孤岛的现象，实现工程信息的集成与集中，提高工程建设管理水平，依据统一平台、规范格式，对工程各类监控信息进行统计分析及报表输出。

建设跨平台的智能指挥集成平台，实现各监控单元的集成集中；智能集成分析各功能模块预警信息，并采用智能算法，建立施工过程协同决策模型，实现预警信息和决策信息的精准推送、智能反馈与建设过程集成指挥；基于全面感知的现场各类施工信息，采用智能技术，分析得到工程关键施工指标状态，为决策层提供决策依据与建议；基于智能可视化技术，实现决策信息的智能推送与可视化分析。建立建设过程智能指挥大屏系统，为工程建设过程指挥提供基础。

3.3.5　水库大坝数字化智能移交关键技术

依托物联网、云计算、大数据以及三维设计技术的发展，数字化设计技术手段越来越广泛运用于电力、化工、石油、建筑等行业。智慧大坝的建设为建设单位采用新的运营管理模式提供了可能，而工程建设完成后的数字化移交便是实现新的运营管理模式的必要前提。通过数字化移交，建设单位在接收一个物理工程的同时，还可以得到一个数字化的工程。将来自设计、施工阶段获取的海量监控数据以非实物方式被集中、关联、查询、使用，深度影响了传统的运行管理方式，同时作为基础的设计信息也可以广泛为建设、运营维护等阶段使用，为之后的管理带来深度变革。智慧大坝是在数字化大坝的基础上，利用物联网的技术和设备监控技术加强信息管理和服务；清楚掌握运维流程、提高运行过程的可控性、减少人工的干预、及时正确地采集生产数据，通过人工智能（AI）技术制定合理的生产计划和管控生产进度，并加上绿色智能的手段和智能系统等新兴技术于一体，构建一个高效、绿色的大坝。在移交的智慧大坝系统中，搭建专家知识库，建立云端专家系统，内置先进的评估、管理模型，可以面向管理层提供过程管理、决策支持服务。

随着"BIM＋"技术的快速发展和应用，以"BIM＋GIS"为主要展示手段、构建数字化智能移交平台，将设计以及施工中的数据信息整合在三维模型数据库中作为数字化移交的成果，通过数字化移交，可以实现各单位的协同设计、协同施工、协同管理，能极大地提高效率，节省资源以及降低成本，贯穿大坝设计、建设以及运行期的全生命周期，对整个水电行业的升级发展将产生很大的推进作用。为建设单位提供一个可以终生存储数据（包含工程设计数据、材料数据、采购和运行维护数据等）的数字化平台，将为工程后期维护和提升提供方便。数字化平台可以实现工程多参与方云协同，加快信息的传递效率，提升数据的互用性，确保数据质量，并且可以在数据传输中进行加密，通过权限管理在交互中能充分保证数据安全。

3.3.6　水库大坝建设过程智能管理云平台关键技术

水库大坝建设过程智能管理云平台是打破信息壁垒、提升信息使用效率，实现各类信息集成、共享的重要基础平台，同时可以为中小水库工程建设过程管控提供统一的监控平台。水库大坝建设过程智能管理云平台是综合运用新一代高速高保真大容量低延时加密传输技术（5G、自主通信组网等）、集群海量数据安全存储技术（区块链等）、数字化身份认证、人工智能、大数据等技术，通过建立统一的数据管理体系，实现单个工程、流域工程群、区域工程群等不同尺度建设过程的智能管理与反馈。

同时，针对云平台建设及运行过程中的海量数据安全问题，根据防护对象重要程度，进行网络信息系统安全保护分级，在兼顾数据共享的高效性、安全性与云平台建设成本的基础上，进行网络信息的安全防护系统建设。

3.4　小结

当前，我国大坝建设初步实现了从数字大坝向智慧大坝建设的跨越。大坝建设已经基本实现数字化施工，在关键节点上实现了智能化建设，取得了多项突破性成果，尤其是智能碾压、智能振捣、智能灌浆、智能仿真、智能运输、建设过程智能管理平台等的成功应用。但应该认识到，当前阶段的大坝智能建设水平仍有待提高，大坝工程建设智能监控理论与技术仍需在工程实践中不断发展、不断改进、不断提高，要全面实现大坝的智能建设，仍需在理论、方法与技术上实现全新的突破，并服务于工程实践。

未来，大坝智能建设是在智慧大坝基本理论的基础上，通过引入先进的科学技术与方法，尤其是随着云计算、大数据、物联网、人工智能、5G/6G 网络等新一代信息技术的发展，结合大坝建设重点环节及其特点，不断提高大坝建设过程中全方位透彻感知、全要素协同分析、全流程智能反馈、全过程模型演进、全生命周期贯通、全体系信息防护与全时空数据集成的智能化水平，全面实现大坝智能建设。

参考文献：

［1］　Hu W，Zhong D，Wu B，et al. Construction phase ori-
　　　ented dynamic simulation：taking RCC dam placement
　　　process as an example ［J］. Journal of Civil Engineering
　　　and Management，2019，25（7）：654－672.

［2］　周张良，赵明哲，吴邦华，等. 一种混凝土拌和智能监
　　　控装置 ［P］. 湖北：CN206657228U，2017－11－21.

[3]　王辉麟. 基于智能监控的铁路工程混凝土拌和站质量管控系统 [J]. 北京交通大学学报, 2016, 40 (6): 38 - 42.

[4]　钟桂良, 尹习双, 邱向东, 等. 高拱坝混凝土运输过程智能控制技术研究 [J]. 水力发电, 2015, 41 (2): 55 - 58.

[5]　Tian Z, Sun X, Su W, et al. Development of real - time visual monitoring system for vibration effects on fresh concrete [J]. Automation in Construction, 2019 (98): 61 - 71.

[6]　钟登华, 沈子洋, 王佳俊, 等. 基于实时监控的混凝土坝振捣施工质量动态评价研究 [J]. 水利学报, 2018, 49 (7): 775 - 786.

[7]　Liu Y, Zhong D, Cui B, et al. Study on real - time construction quality monitoring of storehouse surfaces for RCC dams [J]. Automation in Construction, 2015, 49: 100 - 112.

[8]　钟登华, 鄢玉玲, 崔博, 等. 考虑压实质量影响的碾压混凝土坝层间结合质量动态评价研究 [J]. 水利学报, 2017, 48 (10): 1135 - 1146.

[9]　张磊, 张国新, 刘毅, 等. 数字黄登大坝混凝土温控智能监控系统的开发和应用 [J]. 水利水电技术, 2019, 50 (6): 108 - 114.

[10]　李松辉, 张国新, 刘毅, 等. 大体积混凝土防裂智能监控技术及工程应用 [J]. 中国水利水电科学研究院学报, 2018, 16 (1): 9 - 15.

[11]　李庆斌, 林鹏. 论智慧大坝 [J]. 水力发电学报, 2014, 33 (1): 139 - 146.

[12]　樊启祥, 黄灿新, 蒋小春, 等. 水电工程水泥灌浆智能控制方法与系统 [J]. 水利学报, 2019, 50 (2):

165 - 174.

[13]　　Li X, Zhong D, Ren B, et al. Prediction of curtain grouting efficiency based on ANFIS. Bulletin of Engineering Geology & the Environment, 2017 (9): 1 - 29.

[14]　　Fan G, Zhong D, Yan F, et al. A hybrid fuzzy evaluation method for curtain grouting efficiency assessment based on an AHP method extended by D numbers [J]. Expert Systems with Applications, 2016, 44: 289 - 303.

[15]　　樊启祥, 陆佑楣, 周绍武, 等. 金沙江水电工程智能建造技术体系研究与实践 [J]. 水利学报, 2019, 50 (3): 294 - 304.

[16]　　王勇, 吴章雷, 方程, 等. 三维设计在两河口水电站石料场开采中的应用 [J]. 水电站设计, 2017, 33 (2): 41 - 43, 52.

[17]　　薛凯. 心墙堆石坝填筑石料开采规划与动态优化 [J]. 水力发电, 2018, 44 (2): 87 - 91.

[18]　　周瑞园. 基于交通特性的土石坝工程的土石方调配优化 [D]. 杭州: 浙江大学, 2016.

[19]　　刘宁. 高心墙堆石坝施工场内交通仿真与实时控制研究 [D]. 天津: 天津大学, 2013.

[20]　　钟登华, 田耕, 关涛, 等. 基于混沌时序-随机森林回归的堆石坝料加水量预测研究 [J]. 水力发电学报, 2018, 37 (8): 1 - 12.

[21]　　杜荣祥. 心墙堆石坝施工智能监控理论与应用研究 [D]. 天津: 天津大学, 2017.

[22]　　陈祖煜, 赵宇飞, 邹斌, 等. 大坝填筑碾压施工无人驾驶技术的研究与应用 [J]. 水利水电技术, 2019, 50 (8): 1 - 7.

[23]　　张庆龙, 刘天云, 李庆斌, 等. 基于闭环反馈控制和 RTK - GPS 的自动碾压系统 [J]. 水力发电学报, 2018,

190 (5)：154 - 163.

[24] 韩兴. 无人驾驶振动碾的开发及其在长河坝工程中的应用 [J]. 水力发电，2018，44 (2)：11 - 14，65.

[25] 钟登华，时梦楠，崔博. 大坝智能建设研究进展 [J]. 水利学报，2019，450 (1)：38 - 52.

第4章 水库大坝运行安全智慧管理发展战略

我国水资源丰富，可供利用开发的水能资源为 5.42 亿 kW，目前已有 9.8 万余座水库大坝在役，随着众多水库大坝的投产运行，积累了海量的长历时、多尺度、多维度、多源异构信息。但是我国水库大坝运维管理水平相对落后，导致我国水库大坝管理过程中大量信息资源浪费、信息化应用程度低、智能诊断与协同管理能力薄弱，对水库大坝的安全运行智慧管理提出了迫切的需求与巨大的挑战。近年来，不少学者综合运用"物联网＋"、机器视觉、云计算等现代高新技术与机器学习、数据挖掘、人工智能等智能分析方法，围绕水库大坝运行管理过程中的信息感知、服役行为识别与预测、安全诊断分析、生态韧性提升、除险加固措施以及运维管理平台建设等方面进行了相关研究，显著提高了我国水资源利用效率以及水库大坝防灾救灾的智慧化水平，为推进我国水库大坝数字化管理向智慧化管理升级做出了巨大贡献。

4.1 研究进展

4.1.1 水库大坝运行信息感知

信息感知是实现水库大坝安全管理的基础。张敏等针对传统渗流监测方法（测压管法、渗压计法、量水堰法及容积法等）存在无法对大坝渗流进行动态实时监测，且对细小裂缝的渗流监测无能为力的不足，提出了一种新型的基于太赫兹波的坝体渗流监测技术，可以实现坝体渗流实时影像监测，在大坝渗流安全监测中具有较为广泛的运用前景[1]。王举等针对现有基于单点或多点监测的方法存在难以精确完整地反映出大坝整体三维变形情况的局限性，提出了一种基于三维激光扫描技术的土石坝变形监测方法，试验表明，所提方法具有精度高、实时性强，能够满足水库大坝变形分析计算的要求[2]。王赵汉针对目前的渗流监测设备都不同程度地存在纵向分辨率低、信噪比低、容易受电磁波干扰和出现分布不均匀的缺点，在考虑对施工干扰以及成本等多目标约束的情况，研究土石堤坝中光纤传感网络的优化布置方法，实现土石堤坝渗流状况可靠、经济和有效监测[3]。Buffi等针对传统方法进行大坝安全监测时存在耗时长、效率低下的不足，提出基于无人机快速成像的大坝系统巡检技术，通过与全站仪、GPS以及激光扫描技术获取的点云数据进行点密度、线、面分析，证明了无人机数据感知技术具有较高的精度[4]。Wu等针对已有的变形监测方法多为点测量或手动监测的单一方法难以实现及时、实时和全面的裂纹监测的不足，提出了一种基于光时域反射仪（optical time domain reflectometer，OTDR）的新型裂纹检测传感器，该传感器可以根据实际需要灵活设计检测范围，该传感器的最小检测裂纹宽度为0.05mm，具有较高精度[5]。

4.1.2　水库大坝结构行为识别与预测

水库大坝结构行为识别与预测是分析大坝服役性态的重要手段。王军祥等引入差异进化算法-粒子群算法混合智能算法 DEPSO 到岩土工程应力-渗流-损伤耦合问题参数反演研究中，建立耦合模型多参数反演方法，能够较好地解决岩土工程多参数反演问题，具有较好的反演精度和鲁棒性，是一种新颖和高效的反演分析方法，可以更好地为复杂环境岩土工程动态施工提供帮助和依据[6]。李明军等针对基于梯度下降法的常规神经网络模型收敛速度慢和过度拟合等问题，提出了一种基于改进型粒子群优化算法选取极限学习机（ELM‐IPSO）最优参数的大坝变形预测模型[7]。Su 等针对常用的置信区间法确定的控制指标在遭遇未统计的最大不利荷载组合时无法判定结构状态的缺陷，通过有限元法计算坝体在线弹性、弹塑性和屈服破坏三个阶段的安全系数，将对应的位移值作为大坝安全状态的多级控制指标，提出综合多级控制值和变化趋势的拱坝变形预警标准，确定坝体结构的预警指标，实现大坝承受未来荷载的能力评估[8]。Sigtryggsdóttir 等针对目前统计模型多用于混凝土坝监测数据分析，缺乏混凝土堆石坝结构健康监测相应的预测模型的问题，提出考虑流体静力学-季节-时间（HST）统计模型进行运行期内混凝土坝沉降变形预测，实现考虑荷载和时间相关的变形行为预测[9]。Kang 等针对传统变形预测模型普遍相对较慢，容易陷入局部最优且核函数参较难选取的不足，提出基于 ELM 的大坝变形预测模型，弥补了传统神经网络容易陷入局部最优以及支持向量机核函数参数选取困难的不足，实现了大坝变形的快速高精度预测[10]。

4.1.3　水库大坝安全诊断与风险评价

水库大坝安全诊断与风险评价为大坝运行安全管理提供科学依据。李火坤等针对高拱坝振动监测传感器测试精度受水流等环境背景噪声及测试点位置影响的问题，提出基于坝体结构振动响应方差贡献率的多传感器数据级融合方法，提高了振动数据的测量精度和坝体信息（频率）的完整性[11]。何金平等针对传统大坝安全研究中缺乏对不确定性的考虑，而评价方式也主要基于单个测点数据的监测模型，只能反映大坝某一方面的局部结构性态的不足，提出基于云模型的大坝安全多层次综合评价方法，集成各个指标的数据情况，有效融合大坝的安全监测数据，同时弥补了传统研究缺乏不确定性考虑的缺点，另外，对于大坝健康诊断中普遍存在的信息不确定性以及诊断过程中诊断指标信息融合的复杂性等问题，提出了基于云滴的改进云合并算法，适应了大坝健康诊断多指标多层级异权重等特点，实现了云模型表征不确定性信息的传递和融合[12]。Liu 等针对大坝监测数据分析和安全诊断基本依赖于单测点监测模型，无法分析整个坝体的工作状态，少数融合诊断分析方法多基于专家经验评估以及特征参数作为诊断依据，存在主观性依赖较强的不足，分别提出了基于信息熵与 Copula 联合分布的信息融合诊断模型，实现大坝整体结构安全诊断与预警[13]；针对目前的溃坝风险评价方法难以有效分析多风险源共同作用下的水库连溃风险问题，李平等采用贝叶斯网络方法，融合蒙特卡罗模拟，构建洪水作用下双库连溃的贝叶斯网络模型，针对土石坝水库工程实例，推求水库漫（溃）坝概率，分析梯级水库连溃风险[14]。Jiang 等针对传统研究无法集成分析各个渗流监测测点的不足，采用主成分分析方法，根据渗流计的相关性计算出各个部位渗流计的权重，从而实现基于综合各测点渗流值的大坝安全评价[15]。Wu 等基于在线数据采集技术，采用云模型与证据理论相结合，提出了一种融合云模型和 D‐S 证据理论的混合信息融合方法，有效提高安全评价的计算速度[16]。Su 等综合 D‐S 证据理论（dempster‐shafer theory，DST）和集对分析方法（set pair analysis，SPA），提出了一种综合同类和异类多源信息的大坝结构性态诊断方法，实现了大坝结构性态的识别，通过定义集对分析中的偏联系数，分析了大坝结构性态的发展趋势[17]。

4.1.4　水库大坝运维管理系统

水库大坝运维管理系统的研发为大坝智慧管理提供平台支撑。许后磊等针对水工建筑物实测性态在虚拟现实中三维展示与分析的难题，研究了 BIM、GIS、点云等多源异构模型的底层无缝集成技术，提出了基于 VTK 开源三维引擎的水电工程虚拟现实数字化模型的构建技术，并对水电工程实测性态展示分析系统架构进行了设计[18]。王永明等在 WebGIS、Flex、XML、ASP. net、SQL Server 等技术支撑下，交叉采用 C/S 与 B/S 模式，研究了可供多单位部门共同参与，集监测数据处理、传输、审核、查询、分析、统计、管理等功能于一体的基坑变形预警与安全监控系统[19]。

综上所述，当前国内外水利工作者在水库大坝运行安全管理方面开展了大量的创新性研究工作，但是现有的关于水库大坝运维智慧管理的研究仍存在以下局限性：①在信息监测与感知方面，目前的感知手段多通过埋设接触式传感器进行信息采集，欠缺时效性和智能性，未能对坝体结构与服役环境信息进行全面感知；②在大坝安全诊断与风险分析方面，多局限于基于单一水库、单一测点或单一效应量的安全、风险评价，缺乏考虑不同测点和多个效应量间的相关性以及梯级库群间的耦合作用对坝体结构安全的影响，且受季节变迁、环境更替等外部因素的影响，多采用基于静态数据训练的预测模型，难以保持长期高精度的服役性态评价；③在运维管理系统方面，目前已有的安全管理系统主要依靠二维平面图或简单三维虚拟模型来展示运行监测信息，可视化程度较低且容易导致与真实场景不匹配的情况，且随着运行时间的增长，多源异构数据量级急速上升，基于单处理器或对称多处理器的架构，难以满足用户高并发访问的需求。

4.2　面临的关键技术问题

水库大坝在长期运行过程中积累了长历时、多尺度、多维度、海量多源异构信息，其安全运维管理涉及多源信息透彻感知、信息融合与安全诊断、智能预警与安全调控等多个方面，目前水库大坝运行安全智慧管理研究仍然存在以下关键技术问题需要突破。

（1）水库大坝海量多源异构信息的全面感知与融合分析。水库大坝服役形态分析受大坝变形、渗流、应力应变等安全监测效应量与上下游水位、水温等环境因素的综合影响，本质上是一个基于多指标、多层次结构递阶融合分析诊断问题。因此，水库大坝安全监测数据的全面、有效感知是准确评估大坝服役性态的重要前提。随着运行时间的增加，积累了海量多维度、多尺度、多源异构信息，传统基于埋入式传感器的监测手段，存在监测指标单一、数据采集效率低下等不足，无法满足大数据背景下，大坝安全监测信息高效感知与大坝整体服役性态实时精确评估的需求，如何运用现代机器视觉技术与数据挖掘方法，实现水库大坝安全监测信息与服役环境信息的透彻感知以及服役性态多源信息融合诊断是水库大坝运行安全智慧管理的必要手段和关键环节。

（2）考虑流域库群耦合效应的水库群网联合优化调度分析。水库群网的联合调度受水文、水力和工程结构等多种不确定性因素的影响，需要考虑水库自身安全、上下游防洪目标以及供水、灌溉、航运等众多约束条件，是一个复杂的非线性不确定性系统。传统的概率方法由于计算效率低下，无法满足水库群网实时调度的需求，亟待借助云计算平台，引入智能算法，开展水库群网防洪安全多目标联合优化调度研究，实现在线快速风险评估，为水库群网防洪、兴利调度决策提供理论依据。

（3）大数据背景下水库大坝运行安全监测和灾害风险智能评价。水库大坝库区水文地质条件复杂，一旦发生地质灾害或超标准洪水引发漫坝、溃坝将带来不可估量的经济损失和恶劣社会影响，传统的运行安全监测、地质灾害监测等手段难以满足信息化和海量数据的管理需求，同时风险评价手段对监测信息的挖掘不够深入，亟待引入物联网、大数据、人工智能等先进信息技术对大坝运行安全进行全方位实时高效监测，为风险评价提供数据支撑与技术支持；同时深入挖掘监测信息，实现灾害风险的智能综合评价，对确保水库大坝运行安全条件下合理运用水资源，并最大限度地发挥水库大坝的社会和经济效益至关重要。

（4）基于生境智能分析的水库大坝运行期生态韧性提升。水库大坝的建设会对周围环境造成不同程度的损害，早期的水库大坝建设缺乏对生态环境保护的意识，导致较多的水库大坝生态环境并未恢复到应有的水平。且目前缺乏对水库大坝开发与生态环境的叠加、连锁、复合影响的研究，生态智能建设与管理问题尚未有综合的、系统的研究与应用。为此，采用智能技术实现对空间生态环境信息透彻感知与分析，并进行生态韧性评价，在此基础上开展面源污染控制、污水深度处理与景观提升等相关技术研究。

（5）海量水库大坝运行信息快速共享与安全防护。水库大坝运行信息共享可实现不同层次、不同部门信息系统间信息的交流与共用，以便达到水库资源合理配置、节约运行成本的目的，是提高运行信息资源利用率，避免在信息采集、存储和管理上重复浪费的一个重要手段。然而目前缺乏对水库大坝运行信息共享的研究。同时在共享的过程中，如何保证信息的安全是值得关注的问题。现有的信息安全内涵从最初的信息保密性发展到信息的完整性、可用性、可控性和不可否认性，进而又发展为"攻、防、测、控、管、评"等多方面的基础理论和实施技术。通过构建相关共享基础标准，制定相关规范，并采取移动通信、MPLSVAN、数据库、消息分发等系列技术实现信息的快速共享；同时采用数据安全技术实现共享过程中信息的安全防护。

（6）小型病危老水库大坝更新改造。我国小型水库大坝建设多采用人工管控模型进行建设，未采用智能建设等先进技术。因此，我国小型水库大坝大多存在建设标准不高、施工质量差、渗漏严重、水库防洪能力、引水涵和溢洪道等建筑物老化与损坏严重等问题，不能满足灌溉、供水等既定的目标，必须采用除险加固、更新改造等技术对这类工程进行升级，以充分发挥小型水库大坝的工程效益。

（7）智能运维成本限制了在中小型工程中的应用。中小型工程是我国水库大坝的主体，项目众多，其运维管理人员水平差异较大，需要采用智能化手段保障中小型大坝水库的健康运行。然而中小型水库工程工期短、投资小，智能运行成本相对较高，限制了智能运行相关成果在中小型水库工程中的广泛推广与应用。

（8）集成多源融合信息的智能综合管理平台建设。水库大坝乃至流域库群的运行综合管理需要在保证安全的基础上，满足防洪、发电、供水、航运等需求，同时对水情、雨情、险情、专家决策等多方面信息进行高效分析，已有的水库大坝管理系统功能单一、可视化及交互程度低，严重降低了决策效率，增加了运行风险。亟须引入"大物云移智链"等高新技术建设水库大坝智能监控平台，实现最大限度地发挥水库（库群）的社会和经济效益，为水库大坝多源信息协同监控与各涉及部分多方统筹协调管理提供平台支撑。

4.3 重点突破关键技术

围绕水库大坝运行安全管理中涉及的信息透彻感知、融合分析、联合调度、安全诊断、库群综合管理等关键技术问题，提出如下重点战略方向及关键技术。

4.3.1 水库大坝多源信息高效感知与智能融合关键技术

通过集成先进物联网技术对大坝安全属性特征进行智能化识别、定位、跟踪和管理，实现对具有海量、多源、动态、异构、分散特点的水库大坝安全信息的采集和获取；应用 BP 神经网络平均影响值法，对大坝众多的安全因子进行筛选，结合启发式算法建立大坝变形模型，实现多源监测数据下大坝运行安全监测数据的高效预报和反演；针对目前信息融合处理过程中信息的一致性问题，考虑大坝多源安全信息的随机性、模糊性等特征，通过对多源信息进行功能辨识、数据清洗、数据分离，采用智能融合算法，建立可容错、具稳健性的多源信息融合框架体系，达到智能决策感知的目的。

4.3.2 水库大坝变形、渗流智能预测与协同诊断关键技术

考虑大坝变形时间序列的变化规律以及监测数据非平

稳性对变形预测结果的影响，提出基于经验模态分解-相空间重构-机器学习方法的大坝变形和渗流智能预测模型；在贝叶斯框架下，耦合自动预测算法与专业知识，建立交互式预测模型，运用专业知识提高预测精度；避免过学习现象，提高拟合和预测精度，实现预测的强鲁棒性和泛化性，同时考虑大坝变形和渗流耦合效应，基于参数反演算法，动态拟定大坝安全监控指标，实现水库大坝运行过程中变形安全与渗流安全的协同诊断。

4.3.3　水库群网防洪调度风险智能分析关键技术

针对传统的不确定性抽样方法，虽然能够精确求解，但计算效率低下，难以满足对水库群网调度风险实时评估的需求。基于云储存技术，进行海量水文气象信息和水库运行信息的采集和整编；通过小波降噪技术进行多源信息融合处理，收录重点保护对象信息。在防洪调度准则和下游防护及兴利等约束条件的限制下，考虑水库群联合调度的耦合作用以及水库所在流域降雨、洪水工程状态以及人为调度管理等不确定性因素影响，基于智能仿生优化算法，实现水库群网防洪调度多目标风险分析的智能云计算以及实时在线风险评估。

4.3.4　基于物联网、大数据的大坝运行智能巡检关键技术

针对现阶段水库大坝工程的复杂性、运行环境变化的

59

随机性，且传统的人工巡检方式具有时效性低、操作过程繁琐等问题，以 GPS、RFID、GPRS 等技术实现设备间的互通互联，达到巡检信息的实时感知；以大数据技术构建相应的数据库与知识库，为巡检提供不同运行环境并实现信息的解析，形成决策、反馈与处理的中枢机构；以监控系统、移动客户端等子系统搭建应用平台，实现 PC 端和 PAD 移动端的实时检测。利用机器人可解放体力劳动、高危处巡检优势巨大等特点，综合利用云台控制系统、机器视觉相关硬件与大数据分析软件模型，研发构建智能巡检机器人，嵌入发现问题—诊断问题—匹配决策—处理效果反馈的闭环处理模式，保证巡检的有效性与高效性。

4.3.5　水库大坝地质灾害监测与智能风险分析关键技术

利用数据权重驱动模型方法进行地质灾害的危险性和易损性评价，实现地质灾害的分析与预测；针对多维异构的地质灾害数据特点和融合问题，以具有云计算的 Hadoop 系统与具有分布式流式计算系统 Storm 相结合，构建混合架构的地质灾害风险防控一体化数据库；借鉴深度神经网络的特征抽取能力、多类型数据联合学习能力，联合解译多源多时多相的灾害数据，建立基于大数据深度混合学习的地质灾害早期识别方法；综合考虑多因子时间序列关联，构建地质灾变内外动力作用下变形风险预测分析模型，实现地质灾害的动态空时预测和风险评估。

4.3.6 水库大坝集群安全智能监控与预警关键技术

基于 BIM 技术构建嵌入监测信息的大坝（群）参数化模型，实现坝体（群）及水工建筑、监测仪器及监测信息的 4D 可视化，全面直观地展示大坝结构及安全监测信息并实现其预警功能，提高大坝安全管理效率。采用 B/S 架构，利用"云＋端"技术实现三维可视化模型预处理并通过利用已有监测数据库，实现数据的链接映射和三维可视化模型挂接；采用 DS 证据推理、自适应决策、人工神经网络等智能算法优化融合多源监测数据，以信息增益、权重等度量进行相关性分析，建立数据挖掘模型，引入盲信息数学理论进行警兆辨识，充分考虑变形、渗流、应力应变等物理量的不确定背景下，实现水库大坝集群的安全监控与预测。

4.3.7 水库大坝集群智慧调度关键技术

基于遥感及地理信息系统技术，建立分布式水文预报模型；运用数值模拟方法，对未来降水进行定量预报，同时将数值天气预报模式预测的降水信息引入到水文预报中，在提高预报精度的同时延长水文预报的有效预见期；考虑耦合预报及径流预报的不确定性，运用集合预报方法描述未来径流趋势，并结合随机动态规划进行调度决策，优化水库群调度方案；采用非参数方法估计不同预见期的预报误差概率密度曲线制定基于预报信息的防洪调度图，并采用智能算法对预报优化调度图进行优化。基于遗传算法，考虑流量大小、持续时间、频率等多种因素，以生态流量为约束，寻找最优水库群调度方案；考虑梯级水库群上下游不同水库的生态目标与经济目标，实现水库群调度多目标分析，权衡优选最佳调度方案。

4.3.8　水库大坝生态韧性提升关键技术

水库大坝的建设会对生态系统产生不同程度的影响。因此，建设具有规避和降低基地干预风险、保障和提升生态效应功能的生态韧性提升工程，成为保障基地安全和可持续发展的必要手段。针对生态风险议题做规划，结合生态韧性分析结果，建设相应的生态韧性提升工程，使之增进水库大坝建设及其与生态环境间的调适能力，保障水库大坝生态系统经历干扰中的抵抗、吸收、修复、提升、学习等一系列过程后仍可以达到新的平衡，提升水库大坝的可持续发展的能力。为此，将从多样性、冗余性、鲁棒性、恢复力、适应性和学习转化能力等角度，开展以下几方面生态韧性提升方案研究：①施工区面源污染控制。按照污染物从产生到排放的分布位置，设置多个控制单元，如固定污染源处、导流渠断面以及地下水处等。同时，针对不同功能区和不同工程建设时期，设置生态保护工程作为面源污染控制措施。②污水深度处理与景观提升。通过构建多样化的污水深度处理技术，对污染水体进行收集、滞留、调节与净化。通过装配式技术建设调节型人工湿地、集水型生态沟渠等提升生态景观。③流域水土保持。建立上游水土流失智能识别与预测体系，结合 InSAR 立体测量等技术，智能评估水土流失及滑坡敏感度，进行降雨条件下水土流失及滑坡灾害的动态预测。④流域生态栖息地修复。制定适宜的生态恢复方案，通过河岸带改造、浅滩-深潭结构的营造、透水基底恢复、设置乱石堆或丁坝等模拟"替代生境"，促进生物多样性修复或重建。

4.3.9　水库大坝运行信息共享与安全防护关键技术

水库大坝运行过程蕴含着运行健康状态、运行调度协同等多种信息，信息的共享将有助于水库大坝运行调度顶层决策与统一规划、部署。因此开展水库大坝运行信息共享具有重要意义。通过制定信息共享标准化，行业共享制度，使得信息的共享逐渐趋于规范化是保证信息共享的基础。在此基础上，开展 EDI 技术、XML 技术、计算机网络技术、信息安全技术、移动通信技术、MPLSVAN 技术、数据库技术、消息分发技术系列网络技术的研究，有助于水库大坝运行信息的快速高效共享。在信息共享的同时，信息安全防护至关重要。因此开展以下安全防护技术：①身份认证技术，用来确定用户或者设备身份的合法性；②加解密技术：在传输过程或存储过程中进行信息数据的加解密；③边界防护技术：防止外部网络用户以非法手段进入内部网络；④访问控制技术：保证网络资源不被非法使用和访问；⑤主机加固技术：对操作系统、数据库等进行漏洞修复和安全防护，提高系统的抗攻击能力；⑥安全审计技术：通过对员工或用户的网络行为审计，确认行为的合规性，确保管理的安全；⑦检测监控技术：避免网络流量的滥用、垃圾信息和有害信息的传播。

4.3.10　小型水库大坝改造与提升关键技术

对小型水库大坝进行改造与提升是保证小型水库稳定运行的关键措施。通常先对小型水库大坝的运行安全状态进行评估，并采取一定的除险加固措施进行改造与提升。在此基础上，将小型水库大坝的运行信息接入信息共享系统，将智能化运维管理的相关措施引入到小型水库大坝中来，实现小型水库大坝的联合管控。小型水库大坝的运行健康状态监测与上述技术相同，这里不再赘述。对于病危老小型水库大坝进行改造的主要技术包括：①坝体培厚加宽施工，坝体培厚加宽施工主要在水库大坝堆石料部位进行加宽填筑施工，可采用建设期相关智能技术进行施工监控；②增加灌浆施工。灌浆是对帷幕体的防渗性能提升的重要手段，可采用智能灌浆相关的技术进行灌浆施工。

4.3.11　水库大坝智能会商系统关键技术

基于大系统分解协调法、遗传算法、模糊优化法和人工神经网络一系列智能优化算法，实现动态规划下的会商调度决策问题模型的优化，提高计算效率；基于可视化编

程及 GIS 等技术，建立三维可视化精细模型，并以此搭建
会商平台，建立灵活便捷的人机交互模式，实现计划及方
案调整等会商文件的直观展示；基于数据融合及云存储技
术，实现水利资源合理利用、开发设计及后期管理等单一
决策支持系统向会商支持系统的过渡，达到水库大坝全生
命周期的多源信息融合并进行后续跟踪分析与处理；在发
电优化的前提下，考虑调度方案及实际调度员经验的关联
性，建立发电优化调度会商系统，实现调度方案优选。

4.4　小结

水库大坝属于民生工程，随着我国水能资源的不断开
发，越来越多的水库高坝建设于大江大河之上，水库群长
历时运行积累的海量多源异构信息、水库与坝体间复杂的
耦合响应、库群之间繁琐的调度规则以及滞后的水库管理
水平严重制约了我国的社会经济发展。在人工智能与云计
算技术高速发展的大数据时代，如何高效利用现代高精尖
技术与智能分析方法，攻克目前水库运维管理的瓶颈，实
现水库大坝智慧化管理是水库大坝精细化管理的需要，改
造与提升病危老水库大坝是保证运行安全与经济效益的重
要手段，提升水库大坝生态韧性是践行"绿水青山就是金
山银山"的国家重大发展战略，这些都是落实"智慧水
利"的必要环节，是推动我国水库大坝管理模式由数字化
向智慧化转变的重要举措。

参考文献:

[1]　张敏,丛沛桐. 太赫兹技术在大坝渗流实时监测中的应用探索 [J]. 结构工程师,2014,30 (4):170-175.

[2]　王举,张成才. 基于三维激光扫描技术的土石坝变形监测方法研究 [J]. 岩土工程学报,2014,36 (12):2345-2350.

[3]　王赵汉. 基于分布式光纤测温技术的土石堤坝渗流监测方法研究 [D]. 西安:西安理工大学,2019.

[4]　Buffi G,Manciola P,Grassi S,et al. Survey of the Ridracoli Dam:UAV-based photogrammetry and traditional topographic techniques in the inspection of vertical structures [J]. Geomatics,Natural Hazards and Risk,2017,8 (2):1562-1579.

[5]　Wu C,Sun K,Xu Y,et al. Concrete crack detection method based on optical fiber sensing network and microbending principle [J]. Safety science,2019,117:299-304.

[6]　王军祥,董建华,陈四利. 基于 DEPSO 混合智能算法的岩土体应力-渗流-损伤耦合模型多参数反演研究 [J]. 应用基础与工程科学学报,2018,26 (4):872-887.

[7]　李明军,王均星,王亚洲. 基于改进粒子群优化算法和极限学习机的混凝土坝变形预测 [J]. 天津大学学报 (自然科学与工程技术版),2019,52 (11):1136-1144.

[8]　Su H,Yan X,Liu H,et al. Integrated Multi-Level Control Value and Variation Trend Early-Warning Approach for Deformation Safety of Arch Dam [J]. Water resources management,2017,31 (6):2025-2045.

[9]　Sigtryggsdóttir F G,Snæbjörnsson J T,Grande L. Statistical Model for Dam-Settlement Prediction and Structural-

Health Assessment [J]. Journal of Geotechnical and Geoenvironmental Engineering，2018，144（9）：04018059.

[10] Kang F，Liu J，Li J，et al. Concrete dam deformation prediction model for health monitoring based on extreme learning machine [J]. Structural Control and Health Monitoring，2017，24（10）：e1997.

[11] 李火坤，张宇驰，邓冰梅，等. 拱坝多传感器振动信号的数据级融合方法 [J]. 振动、测试与诊断，2015，35（6）：1075 - 1082.

[12] 何金平，高全，施玉群. 基于云模型的大坝安全多层次综合评价方法 [J]. 系统工程理论与实践，2016，36（11）：2977 - 2983.

[13] Liu X，Wu Z R，Yang Y，et al. Information fusion diagnosis and early - warning method for monitoring the long - term service safety of high dams [J]. Journal of Zhejiang University - Science A，2012，13（9）：687 - 699.

[14] 李平，黄跃飞，李兵. 基于贝叶斯网络的梯级水库连溃风险 [J]. 水科学进展，29（5）：677 - 684.

[15] Jiang Z，He J. Method of fusion diagnosis for dam service status based on joint distribution function of multiple points [J]. Mathematical Problems in Engineering，2016，9049260.

[16] Wu X，Duan J，Zhang L，et al. A hybrid information fusion approach to safety risk perception using sensor data under uncertainty [J]. Stochastic Environmental Research and Risk Assessment，2018，32（1）：105 - 122.

[17] Su H，Wen Z，Sun X，et al. Multisource information fusion - based approach diagnosing structural behavior of dam engineering [J]. Structural Control and Health Monitoring，2018，25（2）：e2073.

[18]　许后磊，王子成，杨硕文，等. 水电工程实测性态展示分析系统研发［C］//中国岩石力学与工程学会，中国水利水电勘测设计协会，云南省岩土力学与工程学会. 第二届全国岩土工程 BIM 技术研讨会论文集. 北京：中国水利水电出版社，2017：7.

[19]　王永明，李明峰，檀丁，等. 南京地区建筑基坑变形预警与安全监控系统［J］. 土木工程学报，2015（S2）：143－147.

第5章 结 论

5.1 总结

我国水库大坝在智能勘测设计、智能建设与智慧运行等方面都取得了重要的研究进展，研究处于世界领先水平。先进的勘测技术和装备、BIM 协同设计技术等在大坝设计中得到越来越广泛的应用；大坝建设在关键环节和工艺上也实现了一定程度的智能化，尤其是在智能碾压、智能温控、建设过程智能管理平台等方面都有较为成功的应用；信息化、智能化是我国水库大坝运行管理的发展趋势，流域水库大坝运行安全管理信息系统平台在我国多个流域中也进行了研发和应用，为水库大坝长期安全运行提供了重要技术和平台支撑。

然而，随着云计算、大数据、物联网、人工智能、5G/6G 网络、区块链等新一代信息技术的发展，我国水库大坝智能化建设和运行智慧管理水平还有待进一步提高，在基础理论、关键技术等方面还有一些瓶颈需要进一步突破。在水库大坝勘测设计中要重点关注先进勘测设备集成与研发、绿色水电设计理念、考虑全寿命周期的基于云平台的协同设计等研究方向；在大坝智能建设中要重点关注建设智能仿真、建设质量智能监控、建设安全智能监控、建设过程智能指挥以及数字化智能移交等研究方向，不断提高大坝建设过程中全方位透彻感知、全时空数据集成、全要素协同分析、全流程智能反馈、全过程模型演进、全体系信息安全和全生命周期贯通的智能化水平；在大坝运行管理中要重点关注多源信息感知与智能融合、安全智能预测与协同诊断、基于大数据的智能巡检、水库大坝地质灾害智能监测与风险分析、水库大坝生态韧性提升、库群安全智能监控与智慧调度、中小型水库大坝改造与提升、库群智能会商等研究方向，最终实现水库大坝精细化、智慧化运行管理。

5.2 建议

我国水库大坝工程建设与运行管理正逐步由数字化向智能化方向发展。随着人工智能、大数据、物联网、云计算、区块链等新一代信息技术的快速发展，水库大坝建设与运行管理的智能化水平也将得到进一步的提升。通过对水库大坝智能建设与运行安全智慧管理的发展战略研究，本项目主要形成以下建议，并将报送水利部国际合作与科技司，为国家及行业未来 5～15 年水库大坝建设与运行的智能化发展提供决策支持。

（1）建议进一步研究融合 3S、无人机、综合物探、超前地质预报、勘察机器人等水库大坝工程智能勘测技术，提升我国水库大坝工程勘测智能化水平，提高水利水电工程勘测的精度和质量、缩短工程勘测周期、提高工程勘测效率。

（2）全面提高 BIM 技术在水库大坝工程设计应用中的广度和深度，加强基于 BIM 的水利水电工程设计-施工-运行全生命周期一体化协同设计研究。同时针对当前我国水利水电工程三维设计存在的基础软件卡脖子技术问题，建议进一步研究推进行业基础软件的自主研发与应用。

（3）建议进一步融合水利水电工程绿色设计理念，研究探索新型绿色施工技术，加强绿色清洁能源基地建设，提升水库大坝工程生态韧性。

（4）水库大坝建设过程应充分利用新一代分布式传感器技术、新一代数据通信技术、区块链技术、人工智能技术、自动控制技术等，特别是加强基于北斗、5G 等中国自主可控技术，实现纵向尺度施工全流程、横向尺度施工全要素、时间尺度不断演进的全方位立体协同控制，全面提高我国水库大坝工程智能化建设水平。

（5）应进一步融合水利工程、信息工程、机械工程、自动化工程等多学科交叉，深入研究水库大坝建设智能无人化施工关键技术，为我国高海拔、高寒、高地震烈度等复杂条件下水利水电工程高效建设提供重要技术支撑。

（6）建议进一步研究基于"透彻感知—智能分析与评估—智能馈控"的水库大坝运行智能管理闭环控制体系，基于水库大坝变形、渗控、地质灾害等安全运行信息全面透彻感知，实现对水库大坝运行安全的智能分析评估与馈控调节，为水库大坝运行安全智慧管理提供技术支撑与数据基础。

（7）建议加强水库大坝运行安全智能诊断与预警技术研究，特别是针对我国 8 万余座中小型水库工程，亟待深入研究中小型水库大坝的智能改造和更新技术，全面降低甚至消除我国老病危坝的运行安全风险。

（8）建议加强水库调度带来的泄洪发电等流速、流量、水位等水力要素变化对大坝安全的影响及其对策研究。建议加强极端条件与应急事件发生后的水库群防洪调度对大坝安全的影响及对策研究。

（9）建议构建我国水库大坝工程建设与运行的统一数据管理体系及标准，实现工程设计—建设—运行信息的高度共享，搭建面向我国流域—区域—行业等不同尺度的智能建设与运行管理云平台，为我国水库大坝建设与运行管理提供统一的平台支撑，有效降低中小型水库工程智能化建设与运行管理成本。

（10）加强水库大坝建设与运行的信息安全技术研究，协调处理好信息共享与信息安全关系，进一步研究如身份认证、加解密、边界防护、安全审计等信息安全防护技术，确保工程建设与运行的数据及信息安全。

（11）建议加强水库大坝勘测、设计、建造和运行管理全流程智能化的数字孪生关键技术研究，建设数字孪生大坝。

72